익숙한 것들의 마법, 물리 2

익숙한 것들의 마법, 물리 2

우주·사이 02

황인각 글·그림

곰출판

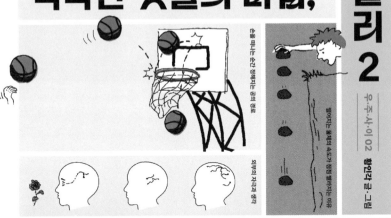

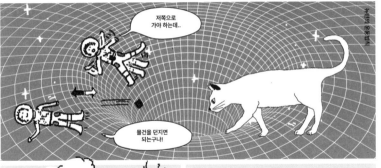

나는 풀잎 하나가
별들의 운행에 못지않다고 믿는다.
개미도 이와 같이 완벽하고,
한 알의 모래,
굴뚝새의 알도 그렇다고.

청개구리는 최고의 걸작이며
땅에 뻗은 딸기 덩굴은
천국의 객실을 장식할 만하다고.
내 손의 가장 작은 관절이라도
그것은 이 세상 모든 기계보다 낫다고.

그리고 고개를 숙인 채 풀을 뜯는 소는
어떤 조각상보다도 훌륭하다고.

- 월트 휘트먼, 〈나 자신의 노래〉 중

어렸을 때부터 병원 입원실에 가면 묘한 불편함이 들었습니다. 수액 바늘을 꽂은 사람들, 피부를 꿰매거나 목에 구멍을 뚫은 환자들을 똑바로 쳐다보기가 어려웠고, 의사 선생님이 골절 상태나 수술 과정을 설명할 땐 현기증이 돌았습니다. 아마도 사람의 몸이 기계 부속이나 정육점의 고기처럼 다뤄지는 것에 대한 거부감이었나 봅니다.

과학은 제가 가장 좋아했던 과목이지만, 때때로 과학에서도 병원에서와 같은 섬뜩함이 느껴지곤 했습니다. 과학이 땅과 바다, 동물과 곤충, 하늘의 별뿐 아니라 인간의 내부까지 샅샅이 분해하고 파헤쳤기 때문입니다. 생물학은 우리가 지구상에 우연히 나타나 생존에 성공한 종에 불과하다고, 화학은 우리 안에서 일어나는 희로애락의 감정이 호르몬에 의한 화학 반응일 뿐이라고 말하며, 뇌과학은 컴퓨터 회로를 다루듯 우리 두뇌의 신호와 기능을 분석합니다. 물리학은 무심하게 세상에서 일어나는 모든 일들을 양성자, 중성자, 전자 또는 쿼크들의 움직임으로 설명합니다. 게다가 인공지능은 어떻습니까? 내 일자리를 빼앗을 뿐 아니라, 기계가 나처럼 이성과 감정을 가질 수 있다고 하니 내 존재가 더욱 위축됩니다.

인간이 활용하는 도구라고 믿었던 '과학'이 지금은 인간의 주인이 되어 우리 삶을 한쪽으로 몰아가는 것 같습니다. 우리는 누구인가요? 인간은 어디에 서야 할까요? 물리학을 가르치면서 스스로 물었던 질문인데, 그 답변의 일부를 독자들과 나누고자 합니다.

이 책은 비전공자를 대상으로 한 대학 교양강좌 내용을 엮은 것입니다. 우리 주변에서 일어나는 현상을 주제로 한 1권과 달리, 2권은 물리학의 기둥을 이루는 뉴턴 역학과 양자역학, 상대성 이론도 포함합니다. 쉬운 내용은 아니지만 그 중심 사상은 충분히 이해할 만하고, 게다가 우주와 인간의 본질에 대해 말해주는 바가 있으니 꼭 배워둘 가치가 있습니다. 이런 이론들이 왜, 어떤 배경에서 등장하게 되었는지 알아보면 당시의 과학자들처럼 여러분도 놀라움과 당혹감을 갖게 되고, 그들의 논쟁에 참여하고 싶어질 것입니다. 과학이 들려주는 이야기를 찬찬히 음미해보면, 우주와 그 안의 인간이 섣부른 결론을 내릴 만큼 단순하지 않다는 것을 알게 됩니다. 과학이 파헤친 자리에는 더 깊은 신비와 경이가 자리 잡고 있고, 어쩌면 과학이 영영 풀 수 없을 듯한 심연이 존재함을 느낍니다. 과학을 탐구할수록 우리가 오늘 여기서 숨 쉬고 있다는 사실 자체가 놀랍고, 경이롭게 다가옵니다. 햇빛과 땅 위의 돌, 몸속 세포와 하늘의 별들, 마법이 살아 움직이는 세계로 여러분을 초대합니다.

덧붙여서, 이 책을 깊은 관심을 갖고 읽어주시고 소중한 조언과 격려를 해주신 김상봉 교수님과 김범준 교수님께 감사의 말씀을 드립니다.

2024년 2월

황인각

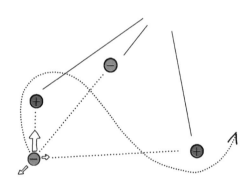

1장

모든 움직임에는 원인이 있다
―'스스로' 움직이는 것은 없다

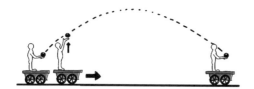

4장

시간과 공간의 마법: 상대성 이론

5장

우주와 인간

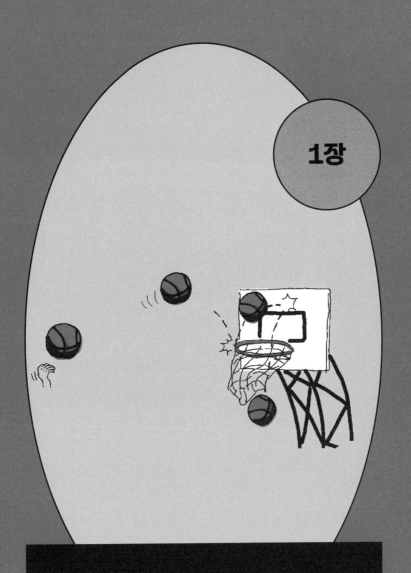

모든 움직임에는 원인이 있다

-'스스로' 움직이는 것은 없다

1
운동의 원인

동생이 사온 드론을 봤는데, 신기했어요. 헬리콥터처럼 날개가 회전해서 떠오르더군요. 기술이 더 발전하면 날개 같은 것 없이도 스스로 떠오를 수 있을까요?

흥미로운 질문이네요. 만약 가능하다면, 해리포터가 지팡이로 돌을 공중에 띄우는 것과 비슷하겠군요.

그건 과학적으로 불가능한 건가요?

만약 그 질문을 아리스토텔레스에게 했다면, 아마 이렇게 대답할 겁니다. "내가 보니 그 기계는 대체로 흙으로 이루어져 있는 것 같네. 흙은 원래 땅에서부터 온 것이니 잠시 공중에 떠 있다 해도 금

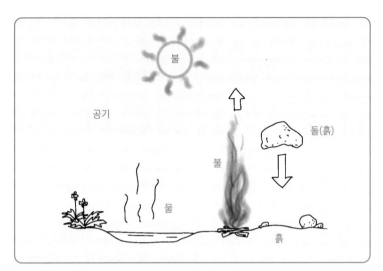

고대인들이 생각한, 물질을 이루는 네 가지 원소

세 땅으로 돌아가고 말걸세."

네? 그게 무슨 말이죠?

아리스토텔레스는 모든 물질이 네 개의 원소 불, 공기, 물, 흙으로 이루어졌다고 보았습니다. 예를 들어, 식물은 흙에서 물을 먹고 자라나니까 물과 흙으로 만들어져 있죠. 햇빛이 필요하니까 불도 포함되어 있을 수 있겠군요.

드론의 플라스틱이나 금속도 느낌상 흙에 가장 가깝겠네요.

이 4원소설은 소크라테스 이전의 엠페도클레스라는 철학자의 아이디어인데 아리스토텔레스도 여기 동의했고, 이 원소들은 각각 자신의 고향으로 돌아가고 싶어 하는 성향을 갖고 있다고 보았습니다.

불의 고향은 가장 높은 하늘, 흙의 고향은 가장 아래 땅, 그리고 공기와 물이 중간쯤 위치합니다. 불꽃이 위로 솟거나, 물이 아래로 흐르고 돌이 떨어지는 게 모두 고향으로 되돌아가는 현상입니다.

그러고보니 불덩어리인 태양이 가장 높이 떠 있긴 하네요. 하지만 원소가 고향으로 돌아간다는 이런 황당한 이야기를 사람들이 받아들였을까요?

그럼요. 별생각 없이 사물을 대해왔던 당시 사람들에게 아리스토텔레스의 설명은 대단히 획기적이고 설득력 있게 다가왔을 겁니다. 아리스토텔레스의 관점은 이후 조금씩 변화를 거치긴 했지만, 무려 1500년 가까이 흔들림 없이 유지되었거든요.

고향에 머물러 있던 물체를 움직이게 하는 것을 '힘'이라고 불렀습니다. 아리스토텔레스는 '힘이 있으면 물체가 움직이며, 그 물체에 깃든 힘이 다 소모되면 멈춘다' 그리고 '무거운 물체일수록 더 빨리 땅에 떨어진다'고 합니다. 무거울수록 고향인 땅에 돌아가고 싶은 마음이 크기 때문이라는 거죠.

물체를 마치 사람처럼 여긴 것 같네요. 물체도 열심히 달리다가 지치면 쉬고, 오래 떠나 있으면 집 생각이 날 거라는 거잖아요.

그렇습니다. 굉장히 인간적인 시선이죠. 그런데 그의 이론과 달리, 힘이 계속 작용하지 않아도 끊임없이 움직이는 물체가 있었습니다.

그게 뭘까요?

태양입니다. 태양은 하늘을 가로질러 움직이는데, 시간이 아무리 흘러도 전혀 느려지지 않았거든요. 이 문제를 해결하기 위해 그는 운동을 두 가지로 분류합니다. 태양, 달, 별의 움직임은 외부로부터 힘을 필요로 하지 않는 '자연적 운동', 그 외의 운동은 '일반 운동'이라고 불렀습니다.

천상과 지상의 현상을 분리했군요.

천년이 넘도록 그런 방식으로 세상을 바라보다가 17세기의 갈릴레오에 이르러서야 큰 변화를 겪게 됩니다. 갈릴레오는 과학이론을 만들 때 직관과 사고에만 의지할 것이 아니라 실험과 관측을 기반으로 해야 한다고 생각했습니다. 즉 '어느 설명이 더 사실에 부합한지 실제로 테스트해보면 된다'는 것이죠.

맞아요. 피사의 사탑에서 무게가 다른 두 개의 공을 떨어뜨렸잖아요!

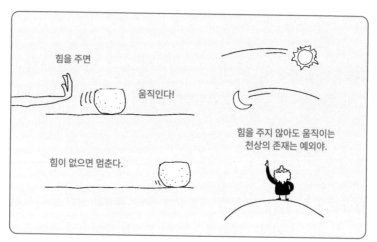

운동에 대한 아리스토텔레스의 해석

유명한 일화지만, 역사적으로는 사실이 아닐 가능성이 큽니다. 대신 그는 널빤지를 경사지게 놓고 그 위에서 공을 굴리는 실험을 많이 했다고 합니다.

그걸 해서 뭘 발견했나요?

무거운 물체가 더 빨리 떨어진다는 아리스토텔레스의 주장과 달리, 무게가 다른 물체가 나란히 떨어지는 경우를 확인했죠.

그런데 휴지 조각과 돌멩이를 같이 떨어뜨리면 아리스토텔레스 말처럼 돌멩이가 먼저 떨어지는 게 맞잖아요.

그렇습니다. 경우에 따라 두 사람의 주장이 맞기도 하고 틀리기도 합니다. 여기서 중요한 것은 어느 것이 더 일반적이고, 어느 것이 예외적인지를 결정하는 것입니다. 갈릴레오는 동시에 떨어지는 게 일반적인 원칙인데, 공기의 저항에 따라 차이가 날 수도 있다고 보았던 것입니다.

공기의 저항이 없으면, 정말 휴지 조각과 돌멩이가 같이 떨어지나요?

네, 진공 상태에서 실제로 실험해보면 그렇습니다. 그리고 굳이 실험을 하지 않아도 논리적으로 증명할 수 있습니다.

네? 어떻게요?

크기와 무게가 같은 찰흙 두 덩어리를 나란히 떨어뜨린다고 생각해 보세요. 당연히 둘이 떨어지는 속도는 같습니다. 둘의 거리가 가까워진다고 해서 떨어지는 속도가 달라지진 않겠죠? 점점 둘을 가까이 가져가서 아예 붙여놓으면 어떻게 될까요?

두 덩어리가 붙어 있든, 떨어져 있든 떨어지는 속도에는 변함이 없겠죠.

그렇죠. 이 찰흙 덩어리는 처음 것보다 두 배나 무거워졌는데도 떨어지는 속도에 변화가 없네요. 그러니 적어도 같은 물질로 되어 있

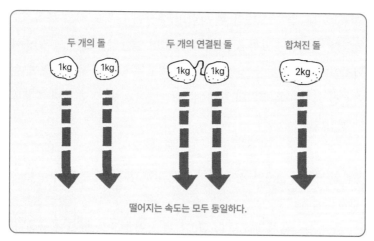

낙하에 대한 사고 실험

는 경우라면 무게와 떨어지는 속도는 무관하다는 말이죠.

앗, 그렇네요. 뭔가 마술에 홀린 것 같아요.

이렇게 직접 실험을 해보지 않아도 생각만으로 그 결과를 알 수 있는 것을 '사고 실험'이라고 합니다. 두 사람의 해석 차이를 계속 살펴보죠. 아리스토텔레스는 '힘이 작용하지 않으면 물체는 멈춰 있다'고 말한 반면, 갈릴레오는 '힘이 작용하지 않으면 물체는 계속 같은 속도로 움직인다'고 했습니다.

실제로 공을 굴려보면 언젠가 멈추잖아요. 갈릴레오는 이걸 어떻게 설명하죠?

땅과의 마찰이나 공기의 저항 등 **다른 힘이 작용해서 멈춘 것**이라고 보았습니다. 멈추는 게 자연의 순리이거나 당연해서가 아니라, 멈추게 만드는 힘이 작용했기 때문이라는 것이죠.

실제로 그는 경사로에서 내려온 공이 다음 경사로에서도 항상 같은 높이까지 올라간다는 것을 확인했습니다. 그래서 만일 다음 경사로가 평지에 놓여 있다면 무한히 달려갈 것이라고 상상했죠. 마찰이나 저항은 상황에 따라 커지거나 줄어들 수 있으니 마찰이나 저항이 없는 상황을 가정하고 운동법칙을 만들려고 했던 것입니다. 실제로 공기도, 중력도 없는 우주 공간에 나가보면 갈릴레오의 말이 그대로 적용되는 것을 볼 수 있죠.

이렇게 '운동을 방해하는 요소'를 자연의 고유한 특성으로 볼 것이냐, 아니면 또 다른 힘의 한 종류로 볼 것이냐에 따라 아리스토텔레스파, 또는 갈릴레오파로 갈립니다.

둘 중 어느 이론이 맞느냐보다는 어느 이론이 더 효과적인지 보아야겠네요.

아리스토텔레스는 자연의 움직임을 바라보며 그 의도를 찾으려는 경향이 있습니다. 왜 움직일까? 어디로 가려는 걸까? 반면 갈릴레오와 그 이후의 과학자들은 자연의 움직임에서 의도를 찾는 것은 무의미하다고 봅니다. 그보다는 어떻게, 어떤 경로로 움직이는지에 주목하죠.

좀 헷갈리네요.

한 친구가 주말에 혼자 강원도에 다녀왔다고 해봅시다. 두 가지 반응이 있을 수 있겠죠. "거길 왜 간거야? 혹시 안 좋은 일이 있었어?" 또는 "뭘 타고 갔지? 예약은 했었고? 몇 시간이나 걸렸어?"

전자가 아리스토텔레스, 후자가 갈릴레오식 질문이군요.

그렇습니다. 놀이터의 그네를 한 번 밀어놓으면 한참 동안 흔들립니다. 친구는 흔들리는 그네에서 뭘 보나요?

그네 두 개가 나란히 있을 때 흔들리는 속도가 조금 다르더라고요. 그 차이를 멍하니 바라보고 있을 때도 있어요.

갈릴레오식 관찰이네요. 갈릴레오의 후예들은 흔들리는 속도가 무엇에 의해 결정되는지, 이런 것에 관심이 많아요.

아리스토텔레스의 후예는요?

그들에게 흔들림이란 중간의 복잡한 과정일 뿐이고, 결국 그네는 중앙에서 멈춘다는 사실이 중요하죠. 그네의 고향인 땅에 가장 가까운 위치가 중앙이거든요. 반면, 갈릴레오라면 '저항이 없다면 어떤 형태의 왕복운동을 할까'에 관심을 갖습니다.

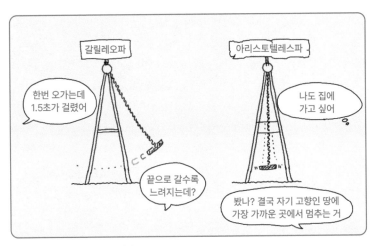

그네를 바라보는 두 가지 입장

알겠습니다. 아리스토텔레스는 최종 결과, 갈릴레오는 그 중간 과정에 더 관심이 많네요. 그렇게 보면 아리스토텔레스의 과학도 나름의 의미가 있는 것 같은데, 왜 갈릴레오식 과학이 주류가 되었을까요?

자연의 의도를 추측한다고 해도, 그걸 명확하게 확인하거나 그 사실로부터 더 이상의 정보를 얻기 어렵습니다. 두리뭉실한 철학적 사고에 그칠 가능성이 크죠. 하지만 운동의 과정을 분석하는 일은 관찰과 확인이 가능한 영역이고, 그 사실을 써먹을 수 있는 데도 많습니다.
대포를 쏘면 포탄이 둥근 포물선을 그리면서 떨어진다는 것이 상식인데, 아리스토텔레스 이론으로는 직선을 따라 날아가다가 힘을

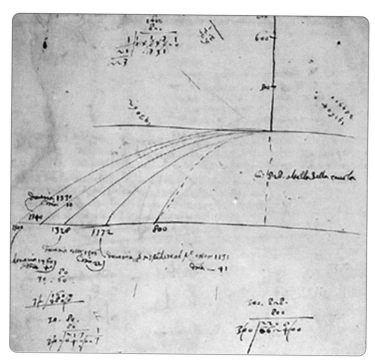

날아가는 물체에 대한 갈릴레오의 스케치

다 잃으면 수직으로 떨어질거라는 예측밖에 하지 못합니다. 반면, 갈릴레오는 포탄의 궤적을 거의 정확하게 설명하고 예측할 수 있었습니다. 당장 포를 어떻게 쏘면 명중할 수 있는지 알려주는 갈릴레오의 이론이 더 주목받을 수밖에 없죠.

갈릴레오의 이론은 어떻게 발전되나요?

다음 장에서 그의 바통을 이어받은 뉴턴의 이야기로 이어집니다.

2
뉴턴의 운동법칙 Ⅰ

뉴턴은 공교롭게도 갈릴레오가 죽은 해에 태어났습니다. 그리고 갈릴레오가 시작한 새로운 과학적 접근 방식을 이어받아 과학의 체계를 거의 완성시킵니다.

뉴턴이 아무리 뛰어나도 아인슈타인만큼은 아니겠지요?

자연을 바라보는 방식을 근본적으로 변화시켰다는 점에서는 뉴턴이 아인슈타인보다 더 중요한 인물이라고 할 수도 있습니다. 그의 관점이 어떤 면에서 그토록 획기적이었는지 이해하는 것이 이 장의 핵심입니다.

좋아요. 준비됐습니다.

뉴턴 역시 갈릴레오처럼 물체에 힘을 가해지지 않을 경우, 현재의 속도를 유지하며 계속 운동한다고 생각했습니다. 거기서 출발하면 자연스럽게 다음 질문으로 이어집니다. '힘이 가해지면 물체의 운동에 어떤 변화가 생길까?'

힘이 가해지지 않으면 운동 속도가 변하지 않는다. 힘이 가해지면 속도가 변한다?

그렇죠. 변하는 건 확실한데, 얼마나 변하는지가 관건이겠죠. 뉴턴이 한 가장 중요한 일은 어떤 방식으로, 얼마나 변하는지를 명확히 나타낸 것입니다. 뉴턴은 모든 물체의 운동에 아래의 세 가지 법칙이 존재한다고 주장했습니다.

1. 힘이 주어지지 않으면 물체의 속도가 변하지 않는다.
2. 힘이 주어진 경우 물체의 속도가 변하는데, 그 가속도는 힘에 비례하고 질량에 반비례한다.
3. 물체 A가 물체 B에 힘을 가하면, 물체 B도 물체 A에 크기가 같고 방향이 반대인 힘을 가한다.

음, 고등학교 때 배웠는데, 이게 왜 중요한지 모르겠더라고요. 그러고 보니 1법칙은 갈릴레오가 한 말과 똑같네요.

그렇습니다. 지금 이야기하려는 것은 2법칙에 있습니다. 물체에 힘

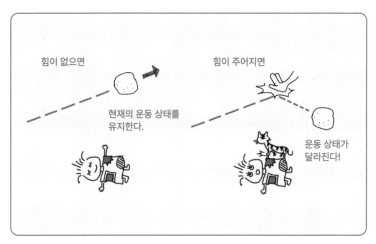

힘이 없으면

현재의 운동 상태를
유지한다.

힘이 주어지면

운동 상태가
달라진다!

운동에 대한 뉴턴의 생각

을 가하면 속도가 변하는데, 그 변하는 정도를 가속도라고 합니다. 멈춰 있는(속도가 0인) 물체를 밀면 속도가 점점 커지고, 물체가 움직이는 방향과 반대로 힘을 가하면 속도가 점점 느려진다는 이야기죠.

가속도가 있다고 해서 속도가 항상 커진다는 뜻은 아니네요.

맞아요. 차가 급출발하거나 급정거하는 경우 모두 큰 가속도, 즉 큰 힘을 경험하는 것입니다. 2법칙은 수식으로 다음과 같이 씁니다.

$$F=ma, \text{ 또는 } a=F/m$$

많이 본 식이네요. 단지 알파벳 3개가 나왔을 뿐인데 왜 이리 부담스러운지…….

알파벳 3개에 불과하지만, 엄청난 의미를 담고 있습니다. 일단, 힘이 없을 때는 F=0, 따라서 a=0입니다. 조심하세요. **가속도가 0이라고 해서 움직이지 않는다는 말이 아닙니다. 움직이는 속도가 변하지 않는다는 뜻이에요.**

앗, 그럼 1법칙이 말하는 것과 같은 걸요.

엄밀하게 보면 다른 의미가 있는데, 일단 그렇다고 합시다. 식을 보면 힘(F)이 클수록 가속도(a)가 크다고 합니다. 공을 빠른 속도로 던지려면, 짧은 시간에 큰 가속도를 만들어내야 하는데, 그러기 위해서는 큰 힘이 필요하다는 뜻입니다.

류현진 선수가 빠른 공을 던질 수 있는 이유가 팔힘이 세기 때문이라는 거네요. 말이 되는 것 같습니다.

좋아요. 만약 류현진 선수가 야구공보다 더 무거운 축구공이나 볼링공을 던진다면 어떻게 될까요? 비슷한 속도가 나올까요?

천만에요. 무거운 공은 빨리 던지기 힘들죠.

떨어지는 물체의 속도가 점점 빨라지는 이유

뉴턴은 그 이유를 2법칙에서 말하고 있어요. 힘이 같더라도 질량이 크면 가속도가 줄어들기 때문이라고요.

질량이 2배인 공을 같은 정도로 가속시키려면 2배의 힘이 든다. 굉장히 상식적이네요.

그렇죠? 옥상에 올라가 공을 떨어뜨린다고 해봅시다. 공은 아래로 내려갈수록 점점 빨라집니다. 왜 그렇죠?

땅에 가까워질수록 지구가 당기는 힘이 점점 세지니까 그런 것 아닐까요?

위로 던진 물체의 속도가 점점 느려지는 이유

'힘이 세졌기 때문에 속도가 빨라졌다'는 것은 아리스토텔레스식 관점이고요, 뉴턴의 관점에서 **힘은 속도가 아닌 가속도를 결정합니다.** 힘이 일정해도 속도가 계속 변화하는 거죠. 실제로 떨어지는 공의 속도를 측정해보면, 속도가 '일정하게' 증가하는 걸 알 수 있습니다. 즉 가속도가 일정하고, 이는 공에 가해지는 중력이 일정하다는 것을 의미합니다.

헷갈려요. 힘이 일정하니까 가속도도 일정하고, 따라서 속도는 계속 커진다.

이번에는 공을 위로 던져봅니다. 이번에는 속도가 점점 줄어들죠?

공이 계속 위로 올라간다는 것은 위로 가는 힘이 아직 남아 있다는 말이겠죠?

또 아리스토텔레스의 관점이예요. 속도에 연연하지 말고, 속도의 변화, 즉 가속도를 살펴보세요.

알겠습니다. 위로 올라가는 속도가 점점 줄어드네요. 그렇다면 반대 방향의 가속도가 있다는 거죠?

그렇죠. 아래 방향의 힘이 작용하고 있다는 뜻입니다. 그것도 일정한 크기로 말이죠.

아, 공이 위로 던져졌을 때나 아래로 떨어지고 있을 때나 동일하게 아래 방향으로 일정한 힘이 작용하네요.

맞아요. 그게 바로 늘 변함없이 작용하고 있는 중력이죠. 지구 위에서는 중력 때문에 물체의 가속도가 늘 아래 방향으로 일정하게 주어집니다.

그럼, 탁자 위에 놓인 공은 어떻게 된 건가요? 중력이 여전히 존재하는데도 가속을 하지 않고 가만히 있잖아요.

잘 보았습니다. 공의 입장에서 보면 중력 외에도, 탁자가 자신을 아

중력이 있음에도 불구하고 탁자 위의 물건이 정지해 있는 이유

래로부터 밀어올리는 힘을 받고 있을 거예요. 두 힘이 정확히 반대이기 때문에 **공이 느끼는 힘의 총합은 0**이죠. 그래서 가속을 하지 않는 거예요.

그렇게 설명이 되는군요. 그럼 물체의 무게에 상관없이 떨어지는 속도가 같다는 것도 설명할 수 있나요?

물론이죠. 여기 무거운 농구공과 가벼운 야구공을 비교해보세요. 지구가 당기는 힘은 누가 더 크죠?

그야 농구공이죠. 지구가 세게 당기니까 더 빨리 떨어질 것 같아요.

익숙한 것들의 마법, 물리2

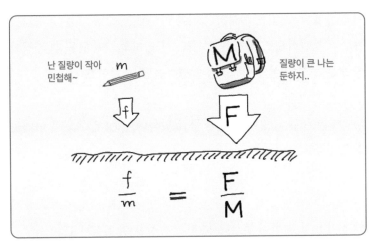

질량이 큰 물체는 중력도 세지만 가속에 저항하려는 관성도 크다.

하지만 질량도 역시 농구공이 더 큽니다. 그럼, a=F/m에 대입해보세요. 농구공의 질량이 야구공보다 5배 크면, m도 다섯 배, 지구가 당기는 힘 F도 다섯 배가 됩니다. 그래서 야구공이나 농구공의 가속도는 같습니다.

앗, 그렇네요. 이 간단한 식이 꽤 쓸모가 많네요. 이 식이 어느 경우에든 들어맞는다는 것이 이미 증명되었겠죠?

뉴턴의 법칙은 증명할 수가 없어요.

네? 그렇게 중요한 법칙이라면서, 맞는지 틀린지 증명도 되지 않았단 말인가요?

이건 증명할 수 있는 성격의 법칙이 아니에요. 그냥 그럴 것 같다고 뉴턴이 직관적으로 찾아낸 것이죠. 이 법칙을 사용했을 때 지금까지 모든 현상이 잘 설명되니까 인정하는 것일 뿐이죠.

과학법칙은 다 증명이 가능한 줄 알았는데, 그냥 감으로 찾아내는 수도 있군요.

네, 물리학에는 그런 경우가 많습니다. F=ma를 사용하려면 물체의 질량 m을 알아야 하는데, 어떻게 측정할 수 있을까요?

손으로 들어보거나 저울로 재보면 뭐가 더 무거운지 알 수 있죠. 무겁다는 게 결국 질량이 크다는 것과 같은 말 아닌가요?

지구에서는 그래요. 하지만 중력이 작은 달이나 중력이 없는 우주 공간에 나가면 어떨까요? 물체의 질량이 줄어들거나 0이 될까요?

글쎄요…. 지구 밖은 생각을 안 해봤네요.

무게는 지구나 달, 우주 공간에서 달라지지만, 질량은 변함이 없는 물체 고유의 양입니다. 즉, 우리는 우주 공간에서도 질량을 말할 수 있어야 한다는 거죠.

중력이 없어도 질량을 알아낼 수 있나요?

뉴턴의 2법칙이 그 방법을 알려줍니다. m=F/a이니까 물체에 힘을 가해서 얼마나 가속이 되는지 살펴보면 질량을 알 수 있죠. 즉, 질량은 **'속도를 변화시키기 어려운 정도'**, 또는 **'자신의 속도를 유지하고 싶어 하는 정도'**를 의미합니다.[*] 쉽게 말해, 물체를 좌우로 흔들었을 때 힘이 별로 안 들면 질량이 작은 것이고, 힘이 많이 들면 질량이 큰 거라고 보면 됩니다. 농구공

중력이 없는 우주선에서는 사람을 흔들어서 몸의 질량을 측정한다.　　　　[출처: NASA]

과 야구공을 좌우로 빨리 흔들어보세요.

정말 농구공이 훨씬 흔들기 어렵네요. 그럼, 몸을 좌우로 흔들어보면 제 몸무게도 알 수 있을까요?

사실, 그게 중력이 없는 우주선에서 몸무게를 재는 방법이에요. 우주에서 임무를 수행하는 사람들은 자신의 건강 상태를 체크하기

---

[*]　질량은 '관성의 크기'라고도 한다. 관성이란 물체가 자신의 운동상태를 유지하려는 성질을 말한다.

위해 몸무게를 매일 재야 하는데 중력이 없으니 저울을 쓸 수 없습니다. 대신 그들은 특별한 장치가 달려 있는 의자에 앉는데, 이 장치가 사람을 앞뒤로 흔들어서 얼마나 많은 힘이 드는지 보고 그 사람의 질량을 알아냅니다.

사람에게는 질량, 즉 물리적 관성 외에 생활의 관성이라는 것도 있습니다. 생활의 관성이 큰 사람은 공부든, 놀이든, 잠이든 한 가지 일을 시작하면 좀처럼 바꾸기 싫어합니다. 반면 한 가지 일을 꾸준히 하기보다 수시로 바꿔가며 다양한 활동을 즐기는 사람은 생활의 관성이 작다고 할 수 있죠.

전 물리적 관성과 생활의 관성이 모두 작은 사람인가 봐요. 공부 그만하고 잠시 나갔다 와야겠어요.

3
뉴턴의 운동법칙 II

좋아요. 이제 3법칙을 알아볼 차례네요.

그전에 2법칙에 대해 좀 더 이야기할 것이 있습니다. 2법칙의 위대한 점은 단순히 운동의 성질에 대해 서술하는 데 그치지 않고, 수학적 식으로 표현했다는 것입니다. 즉 힘을 알고 있다면, 어느 순간에 어떤 위치에서 어느 속도로 움직일지 계산이 가능하다는 뜻이죠.

위로 공을 던졌을 때나 땅으로 떨어뜨릴 때는 그럴 것 같은데, 그 외의 경우도 계산이 가능한가요?

공을 비스듬히 던진 경우를 생각해보죠. 손에 의해 비스듬한 방향으로 가속된 공은 어떤 속도를 가지고 날아갑니다. 공중을 날고 있

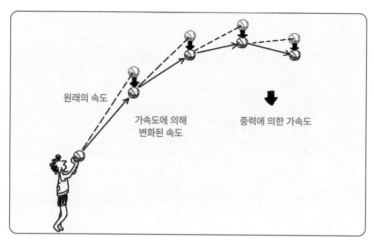

농구공이 포물선을 그리는 이유

는 공의 가속도는 얼마일까요?

가속도는 힘에 의해 생긴다고 했잖아요. 공에 가해지는 힘은 중력과 날아가는 힘, 두 가지가 있겠죠?

아직도 아리스토텔레스 사고에서 완전히 벗어나지 못했네요. 손이 미는 힘은 처음 출발할 때 잠시 주어졌을 뿐, 그 이후에는 날아가는 힘이라는 것이 없습니다. 힘은 아래 방향의 중력뿐이죠.

아, 그렇군요.

따라서 공은 아래 방향의 가속도만 갖고 있습니다. 가속도란 속도의 변화니까, 다음 순간의 속도는 이 가속도만큼 달라집니다. 원래 속도에 가속도를 더해주면 됩니다.

속도와 가속도의 방향이 다르니 더하는 게 쉽지 않네요.

네, 처음엔 헷갈릴 수 있죠. 이제 공은 가속도에 의해 변화된 새로운 속도로 움직입니다. 즉, 속도의 방향으로 위치가 이동하지요. 하지만, 또 다음 순간에도 가속도만큼 속도가 바뀌지요.

속도가 계속 영향을 받는다는 말인가요? 어렵네요.

그래도 속도의 방향이 조금씩 아래로 기울어지는 걸 예측할 수 있죠. 이걸 차분하게 계산해보면 $y=-x^2$ 형태의 그래프가 나옵니다.

아, 그래서 포물선 형태로 떨어진다고 말하는군요.

공이 끝까지 땅에 닿지 않는 경우도 있어요. 어린 왕자가 사는 조그마한 별에서 공을 던졌다고 생각해보세요. 공은 아래로 떨어지지만 땅이 동그랗게 말려 있어서 공이 땅에 닿지 않고 계속 회전을 합니다.

지구에서도 충분히 빠르게 던지면 지구 주위를 계속 돌게 만들 수 있다는 뜻인가요?

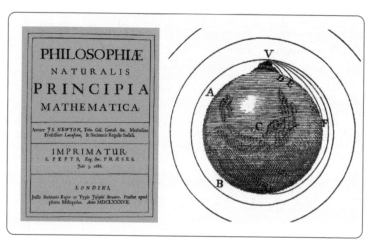

뉴턴의 스케치: 지구에서 공 던지기

네. 공기저항이 없는 달이나 인공위성이 지구 주위를 도는 원리예요. 뉴턴이 자신의 책에 저런 그림을 그렸죠. 뿐만 아니라 그는 하늘의 모든 행성들이 태양을 중심으로 도는 이유를 중력이 존재한다는 가정하에 F=ma로 완벽하게 설명해냈습니다.

가만있자, 아리스토텔레스는 천체의 운동을 '자연운동'으로 부르고 일반운동과 따로 취급했죠?

네. 멈추지 않고 움직이는 이유를 알 수 없었으니까요. 하지만 뉴턴의 역학은 지상에서 뒹구는 돌멩이나 천상에서 움직이는 별이나 똑같은 법칙에 의해 움직인다는 걸 보인 것입니다. 이는 당시 사람들에게 큰 충격으로 다가왔죠.

익숙한 것들의 마법, 물리2

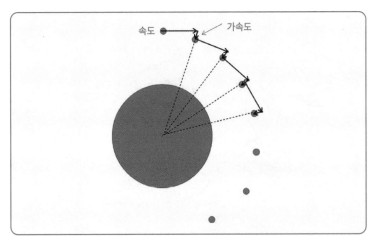

속도   가속도

원형 궤도를 돌기 위해서는 지구로부터 떨어진 거리에 맞춰 적당한 속력으로 출발해야
한다. 반경이 작은 궤도를 돌기 위해서는 더 큰 속력이 필요하다.

천체의 움직임은 아래 시뮬레이션에서 쉽게 조작해볼 수 있습니다.

태양계의 움직임(My Solar System)

이런 프로그램을 만드는 사람을 보면 대단해요. 행성의 운동법칙
을 말한 케플러의 법칙 같은 것을 사용했겠네요?

아뇨. 케플러 법칙은 전혀 신경 쓸 필요가 없습니다. 단지 a=F/m만
사용해서 매 순간 물체의 속도와 위치를 계산하면 됩니다. 그럼 자
동적으로 케플러 법칙이 만족됩니다. 즉, 뉴턴의 운동법칙이 이미

축구공을 차는 순간 공에 가한 힘과 똑같은 크기의 힘이 발에도 가해진다.

케플러 법칙을 포함하고 있는 겁니다. 그래서 저런 프로그램은 의외로 단순하고, 만들기 쉽습니다.

F=ma라는 간단한 식이 이렇게 강력할 줄 몰랐네요.

이제 뉴턴의 3법칙을 생각해보기로 해요. 친구가 축구공을 차서 공이 저 멀리 날아갔는데, 발에는 전혀 찬 느낌이 없다면 어떨까요?

그건 말이 안 돼죠. 풍선을 찼으면 모를까. 공을 제대로 찼을 때와 헛발질을 할 때는 발의 느낌이 확실히 다르죠.

뉴턴이 그 이유를 곰곰이 생각해본 겁니다. 발로 공에 힘을 가하는

익숙한 것들의 마법, 물리2

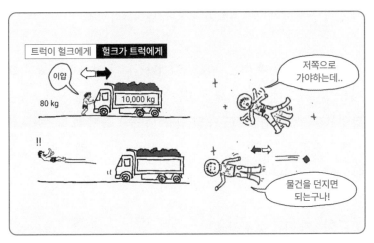

힐크가 트럭을 밀 때 생기는 일

순간, 공도 역시 발에 힘을 가했다고 본 것이죠. A가 B에 힘을 주는 순간, B도 역시 A에게 힘을 준다. 이런 식으로 힘이 항상 쌍방향으로 발생한다는 걸 간파했습니다. 이건 1법칙과 2법칙에 담겨 있지 않은 또 하나의 중요한 원리죠.

정말 그런 것 같네요. 사랑에는 혼자 앓는 짝사랑이 있지만, 힘은 그렇지 않은가 봐요. 모든 힘은 주고 받는 방식으로만 존재하니까요.

어떤 사람이 로봇팔을 장착해서 헐크처럼 괴력을 낼 수 있다고 해봐요. 로봇팔의 힘을 시험해보려고 10톤짜리 트럭을 힘껏 밀면 어떤 일이 일어날까요?

팔 힘이 충분히 세다면 트럭이 저 멀리 밀려나가겠죠.

트럭보다 사람이 더 빠른 속도로 튕겨나갑니다. 왜냐하면 팔이 트럭을 밀 때, 트럭도 역시 팔을 미는 셈이니까요. 우리가 지구라는 땅덩어리를 힘껏 차면 지구가 밀리기보다는 내 몸이 위로 솟아오르는게 당연하듯, (지구보다는 작지만) 질량이 꽤 큰 트럭을 힘껏 밀면 몸이 뒤로 튕겨나가는 거죠.

조금 이해가 되는 것 같아요.

이 현상은 중력이 없는 우주 공간에서 더 극명하게 나타납니다. 지구에서는 우리가 발로 땅을 뒤로 밀어내면서 앞으로 나가는 것이거든요. 하지만 무중력 상태에서는 몸이 공중에 떠 있어서 발을 굴러봤자 제자리에서 바둥거릴 뿐이에요.

맞아요. 무중력 우주선 안에서 사람들이 벽을 잡고 이동하는 것을 봤습니다.

주변에 벽이 없다면, 남은 건 한 가지 방법뿐입니다. 물건 하나를 찾아 힘껏 던지는 거죠. 물건을 뒤로 던지는 동안 그 물건이 내 손을 반대 방향으로 밀어줘서 몸이 앞으로 나가게 되거든요.
드론이 뜨는 이유도 마찬가지입니다. 중력을 이기기 위해서 프로펠러를 돌려서 공기를 아래로 계속 내뿜어야 합니다. 로켓은 연료를

익숙한 것들의 마법, 물리2

연소시켜 그때 나오는 가스를 아래로 계속 내뿜고요. 그러니까 공기를 뿜어내는 장치가 없이 떠다니는 드론은 과학적으로 불가능한 셈이죠.

공기나 가스는 질량이 아주 작을 텐데, 그걸로 뜰 수가 있다고요?

네, 아주 빠른 속도로 내뿜을 수만 있다면 말입니다.

4
네 가지의 힘

뉴턴 이야기의 핵심은 이것입니다. 세상의 어떤 물체든 거기에 가해지는 힘의 변화만 정확히 알면, 매 순간 속도가 어떻게 달라질지 그리고 다음 순간 어디에 가 있을지 알 수 있다는 거죠.

대강 이해했습니다. 그런데 언제, 어떤 힘이 가해질지 어떻게 알죠?

우리가 생각해볼 점이 바로 그것입니다. '**힘은 언제, 어떤 식으로 나타나는가.**' 일단 우리가 주위에서 볼 수 있는 힘들을 찾아볼까요?

바람에 나뭇잎이 흔들린다 - 바람이 미는 힘

낙엽이 땅에 떨어진다 - 지구가 당기는 힘

아이가 공을 찬다 - 발로 미는 힘

굴러가는 공을 손으로 잡는다 - 손이 잡는 힘

막대기로 물을 휘젓는다 - 막대기가 미는 힘

선풍기가 돌아간다 - 모터가 회전하는 힘

훌륭하군요. 이제 비슷한 힘끼리 묶어보세요.

발이나 손, 막대기로 밀고 잡는 것은 다 비슷한 것 같아요. 바람은 공기 분자가 와서 때리는 거잖아요. 이건 좀 다른 것 같네요. 분자가 미는 힘인 거죠. 모터의 회전이나 지구의 중력도 종류가 다르고요.

손은 어떻게 공을 밀어낼까요?

밀어내지 않으면 손이 공 안으로 들어가야 하는데, 그건 말이 안 되잖아요. 사물이 사물을 밀어내는 건 너무 당연한 거 아닌가요?

손이나 공을 이루는 원자를 상상해보세요. 아주아주 작은 원자핵과 몇 개의 전자를 제외하면 대부분이 진공 상태로 텅텅 비어 있어요. 공간의 크기만 본다면 원자끼리 겹쳐질 수 있는 이유는 충분합니다.

손이 공과 접촉하는 그 부분을 엄청나게 확대하면 손 표면의 원자들과 공 표면의 원자들이 만나는 게 보이겠죠? 그 원자들 주위를 도는 것이 전자입니다.

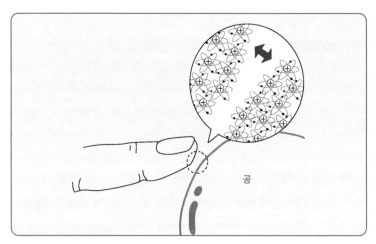

손과 공이 겹치지 않는 이유는 손 표면 원자의 전자들이 공 표면 원자의 전자들을 밀어
내기 때문

그건 그렇죠. 그게 왜요?

'전기력에 의해' 전자는 전자끼리 밀어내잖아요. 그래서 두 원자가
겹칠 수 없는 것입니다.

전자와 전자가 미는 힘 때문에 손이 공을 밀어낸다고요?

전기력이 없다면 손은 공 안으로 파고들어 겹쳐질 것입니다. 그러
니 두 물체가 접촉해서 서로를 밀어내는 모든 현상은 전기력에 의
한 현상입니다.

그렇군요. 바람의 경우엔 어떨까요?

공기 분자가 어떤 물체에 와서 부딪히는 것도 공기 분자를 감싸고 있는 전자 때문이니 역시 전기력입니다. 모터는 말할 것도 없구요.

자석끼리 밀고 당기는 힘, 그건 전기력과 다른가요?

그건 보통 자기력이라고 따로 부르는데, 과학자들의 오랜 연구 끝에 자기력과 전기력을 통합해서 설명할 수 있게 되었습니다. 그래서 이 두 힘을 합쳐 '전자기력'이라고 부릅니다.

그럼 지구가 잡아당기는 중력 외에는 거의 다 전기력이네요.

네, 그 두 가지가 가장 중요한 힘이라고 할 수 있죠. 자연에는 네 가지 종류의 힘만 존재한다고 알려져 있습니다. 앞에서 말한 중력과 전기력, 그리고 강한 핵력, 약한 핵력이 그것입니다.

핵력은 뭔가요?

원자의 중심에는 양성자와 중성자가 있는데, 양성자들은 서로 밀어내는 전기력이 강해서 뭉쳐 있을 수 없습니다. 양성자와 중성자를 서로 묶어주는 힘이 강한 핵력입니다. 약한 핵력은 중성자를 붕괴시키는 힘인데, 원자핵이 안정적으로 유지되는 상황에서는 그 역

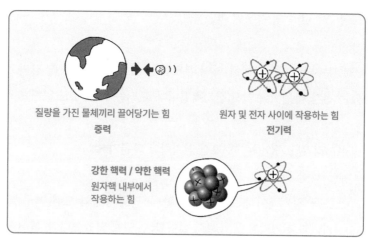

4가지의 힘

할이 드러나지 않습니다. 즉, 우리의 일상생활에서는 두 핵력을 의식할 필요가 없습니다.

만약 중력이 없다면, 영화에서처럼 모든 물건이 둥둥 떠 있겠죠. 하지만 연필을 잡고 글씨를 쓴다든지, 밥을 먹거나 전화를 건다든지, 컴퓨터가 동작하는 데는 아무런 문제가 없습니다. 다시 말해 우리 일상에서 일어나는 대부분의 일들은 모두 전기력에 의한 것이라는 뜻입니다.

전기력에 의해 모든 일이 일어난다는 게 얼른 상상이 안 돼요.

차근차근 살펴보기로 하죠. 세상의 모든 것들이 양성자, 중성자, 전자로 이루어져 있다는 것은 알고 있죠?

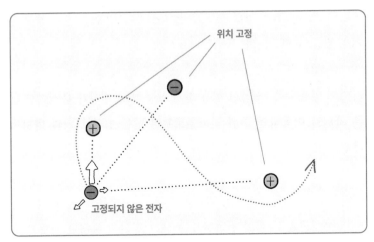

전하끼리 주고받는 힘. 다른 극성은 서로 당기고, 같은 극성은 서로 밀어낸다.

네, 알고 있어요.

양성자와 중성자는 따로 돌아다니기보다 몇 개씩 모여 원자핵을 이룹니다. 즉, 세상은 +전기를 띠는 원자핵들과 -전기를 띠는 전자들의 모임이라고 보면 되는데, 이를 단순히 +와 -로 표시하도록 할게요. 이렇게 전기를 띠고 있는 물체들을 통틀어서 '전하'라고 부릅니다.

우선 +와 - 전하 몇 개가 배치되어 있는 공간에, - 전자 하나를 놓았다고 해봅시다. 이 전자는 +에 의해서는 밀려나는 힘을, -에 의해서는 끌려가는 힘을 받게 되는데, 이 힘들의 총합이 전자의 움직임을 결정합니다.

뉴턴의 2법칙, 힘에 의해 속도가 변화한다! 그런데 왜 +에 의해 당기는 힘을 더 센 것처럼 표시했나요?

가까이 있을수록 더 강한 힘을 받기 때문이죠. **전자가 움직여서 다른 자리로 이동하면 주위 전하들로부터 받는 힘의 크기와 방향이 바뀝니다.** 그래서 전자는 복잡한 운동을 하게 되지요.

전자라면 +의 원자핵으로 끌려가서 무조건 충돌할 줄 알았는데, 그게 아니군요. 주변의 전하들 때문에 직진하지 못하고 경로가 계속 틀어지네요.

네, 전자가 어디로 갈지는 예측하기 어렵습니다. 게다가 방금은 움직이는 전자 외에 나머지 전하들의 위치가 고정되어 있다고 가정했지만, 실제 세계에서는 '고정된' 전자나 양성자 같은 것은 없으니 모두가 동시에 움직인다고 상상해야 합니다.

왜요? 접착제 같은 것으로 고정시킬 수도 있잖아요.

불가능합니다. 접착제라는 물질 역시 원자핵과 전자들의 모임에 불과하거든요. 하나의 전자나 원자핵을 고정하기 위해 소량의 접착제를 바른다는 것은 수 천억 개의 원자핵과 전자들을 근처에 둔다는 말과 같습니다. 전자나 양성자를 잡겠다고 손가락을 갖다대는 것도 마찬가지죠.

아, 그렇군요. 세상의 모든 물질이나 도구 역시 전자나 양성자의 집합일 뿐이니까요.

세상은 전하로만 이루어져 있기 때문에, 이 전하를 움직이는 유일한 방법은 다른 전하를 갖다 대어 전기력으로 가속시키는 방법뿐입니다. 따라서 우리가 살아가는 세상의 실체는 이렇게 상상하면 됩니다. **무수히 많은 원자핵과 전자들이 자유롭게 돌아다니며 서로 힘을 주고받아 움직이는 것**이라고 말입니다.

각 전하들은 매 순간 주변 전하들이 주는 힘에 영향을 받아 방향과 속력이 바뀝니다. 그리고 그렇게 움직인 전하들 때문에 다음 순간에는 서로 다른 크기와 방향의 힘을 주고받게 됩니다. 이것들이 무한 반복되면 결국 어떤 일이 일어날까요?

아주 무질서하고 어지러운 운동이 되겠죠. 마치 먼지가 날아다니는 헛간처럼 말예요.

제 생각에도 그럴 것 같습니다. 그런데 지금 보고 있는 세상이 그 운동의 결과물이라면 어떤가요?

그럴 수 없을 것 같아요. 우리 주변을 보세요. 사물들이 형체가 잘 갖추고, 질서 있고, 아름답잖아요.

그렇습니다. 사실 이 점이 오래전부터 저를 사로잡은 가장 놀라운

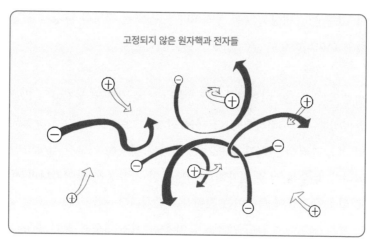

각 전하들은 주변 전하들과 힘을 주고받으며 복잡하게 움직인다.

의문 중 하나였습니다. **'어떻게 단순한 전기력의 작용만으로 이 세상이 만들어지고 유지될 수 있는가.'**

일단 그나마 단순하다고 할 수 있는 전기 제품에 대한 이야기를 먼저 해보죠. 1.5V짜리 건전지를 볼까요? 원래 모든 원자들은 양성자와 전자의 숫자가 같기 때문에 전기적으로 중성입니다. 그러나 건전지 내부에는 일종의 '전자 펌프'가 있어서 +극에서 -극 쪽으로 전자를 옮겨줍니다. 전자가 부족해진 쪽은 양성자의 숫자가 더 많아져서 + 극성을 띠고, 전자가 많아진 쪽은 -극이 됩니다.

전자 대신 양성자를 움직이는 양성자 펌프라는 것도 있나요?

양성자 펌프를 만들기는 어렵습니다. 왜냐하면 양성자는 전자보

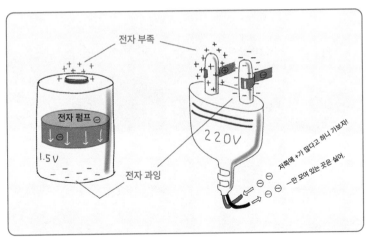

전자 부족

전자 펌프

1.5V

전자 과잉

220V

저쪽에 +가 많다고 하니 가보자!

─만 모여 있는 곳은 싫어.

건전지와 콘센트의 +극은 전자가 부족해 전자를 빨아들이고, −극은 전자가 과잉 상태라 전자들을 밀어낸다.

다 훨씬 무거운 데다가 원자핵 안에 갇혀 있어서 따로 돌아다니는 경우가 거의 없거든요. 따라서 **우리가 경험하는 대부분의 전기적 현상은 '원자에서 떨어져 나와 돌아다니는 전자들'에 의한 것들입니다.**

전지의 양쪽에 손가락을 갖다 대면 −극에서 전자들이 빠져나와 손가락 안으로 들어갑니다. 마치 좁은 방에 갇혀 있다가 새로운 탈출구를 찾은 아이들처럼 말이죠. 반면에 전자가 부족했던 +극은 손가락의 전자들을 빨아들입니다. 결국 손가락을 타고 전자가 −극에서 +극으로 조금씩 흐르게 되는 거죠.

전자가 지나가도 제 손가락에는 문제가 없나요?

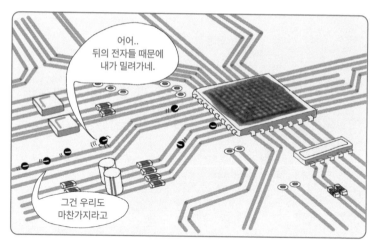

전자회로 안에서 움직이는 전자들

네. 1.5V 건전지는 전자를 움직이는 힘이 약하기 때문에 문제가 없죠. 하지만 가정용 콘센트가 만들어내는 220V라면 꽤 큰 충격을 받게 됩니다. 많은 전자가 순식간에 우리 몸을 통과하면 세포가 파괴되거나 열을 발생시켜 화상을 입힙니다.

많은 전자가 동시에 몸을 통과하면 감전이 되는군요.

전자회로의 기판을 보면 전극이 선으로 복잡하게 연결되어 있는데, 이 선들이 바로 전자가 지나다니는 길입니다. 어느 한쪽에 전자들이 쌓이면 전자들끼리 밀어내는 힘에 의해 만들어진 전자들의 흐름이 모터를 돌리기도 하고, 빛을 내기도 하고, 또 다른 전자들을 건드리면서 1과 0 상태를 기억하기도 하고, 계산을 하기도 합니다.

전자회로에서 전자를 움직이는 것이 전기력 때문이라는 것은 알겠습니다. 그 외의 다른 경우는 어떤가요? 전기차와 달리 휘발유차는 전기로 가는 게 아니잖아요.

연소는 탄소와 수소 화합물이 산소와 만나 반응하는 거라고 했죠? 한 원자가 다른 원자와 결합하려는 이유가 바로 외곽에 있는 전자들의 빈 공간을 채우기 위해서입니다. 그 말은 한 원자의 원자핵에 있는 양성자들이 다른 원자의 전자들을 끌어당긴다는 뜻이고, 그게 바로 화학결합의 근본 원인이죠. 공유결합, 금속결합, 수소결합 모두 상황만 조금씩 다를 뿐 전기력에 바탕을 두고 있습니다.

아, 화학반응도 전기력에 의한 것이군요. 그래도 세상에서 일어나는 대부분의 움직임의 원인이 전기력뿐이란 건 이상해요. 분명 뭔가가 더 있는 게 틀림없어요. 맞아요! 생명이요! 지구엔 생명체가 있어서 이런 질서가 가능한 거라구요. 식물이 자라서 숲을 이루고, 새가 둥지를 틀고, 인간이 문명을 개발해서 이런 질서가 만들어진 거잖아요.

과연 그럴까요? 생명체가 없는 화성이나 금성을 보면, 매우 황량하고 적막하니 그것도 일리가 있는 듯 보이네요. 하지만 그게 사실이라면 우린 이 세상에 존재하는 힘에 5번째 항목을 추가해야 할 겁니다.

무슨 힘을요?

'생명의 힘' 말입니다. 전기력만으로는 설명할 수 없는, 생명이 존재할 때만 비로소 나타나는 새로운 현상을 묘사하려면 '생명의 힘'을 추가해야죠. 동의하나요?

글쎄요. 그래야 할 것 같기도 하고요.

5
미래는 이미 결정되어 있을까?

거기 있는 펜 좀 집어줄래요?

여기 있습니다.

방금 연필이 그쪽에서 이쪽으로 이동하는 일이 일어났는데, 이걸 뉴턴의 시각에서 해석해볼까요? 가만히 있던 볼펜이 왜 움직이기 시작했나요?

이젠 저도 알죠. 제가 손가락으로 볼펜에 힘을 가해 가속시켰기 때문이죠. 더 자세히 말하면 제 손가락 표면의 전자들이 볼펜 표면의 전자들을 전기력으로 밀었기 때문이구요.

훌륭하군요. 그럼 그 손가락은 어떻게 움직이게 되었을까요?

제 손가락 근육의 힘?

근육을 움직이게 한 힘은 전기력일까요, 아니면 아직 우리가 모르는 소위 '생명의 힘'일까요?

모르겠는데요. 옛날 어디서 전기로 개구리 뒷다리를 움직이는 걸 본 것 같기도 하고요.

네. 사실 근육의 움직임도 전기력이라고 알려져 있습니다. 그렇다면 또 물어야 하죠. 근육이 움직이도록 자극을 준 것은 무슨 힘에 의해서인가 말입니다.

그렇게 계속 따지고 든다면, 결국 제 뇌의 작용이 손가락 운동을 일으켰다고 봐야 하지 않을까요?

맞습니다. 그렇게 볼 수 있죠. 그럼 인간의 뇌에서 일어나는 일이 어떻게 가능한지가 중요한데요, 만일 순전히 자발적으로 그런 일이 일어났다면 그걸 '생각의 힘', 또는 '생명의 힘'이라고 부를 수 있겠습니다.

그럼 제5의 힘이 존재하는 건가요?

이건 중요하고 심오한 주제이니 뒤에서 따로 이야기할 거예요. 대신 여기서 마무리해야 할 또 다른 중요한 질문이 있습니다. 친구는 우리의 미래가 이미 정해져 있다고 생각하나요?

글쎄요. 깊이 생각해본 적은 없어요. 앞으로 10년 후에 어느 지역에 지진이 일어난다든가, 행성이 충돌한다든가 그런 커다란 일은 결정되어 있을 수 있겠지만, 일상의 작은 일들은 결정되어 있을 리가 없죠. 선생님과 어떤 대화를 나눌지 이미 결정되어 있다고 해도 제가 지금 갑자기 일어나 자리를 떠나버리면, 그 미래가 올 수 없는 거잖아요.

그래요. 상식적으로 맞는 이야기 같아요. 하지만 과학은 이에 대해 뭐라고 말할까요?

과학이 미래도 예측하나요?

아까 전자와 원자핵의 무리를 떠올려보세요. 전자와 원자핵이 여기 저기 배치되어 있는 상황에서 1초 후에 각 전하들이 어디에 있을지 예측할 수 있을까요?

저야 계산하는 법을 잘 모르지만, 선생님이라면 하실 수 있겠지요.

그래요. 초기의 정보를 모두 갖고 있다면, 컴퓨터에 입력한 후 1초

모든 존재는 양성자와 전자의 집합이며 이들의 움직임으로 해석된다.

후 위치를 계산해볼 수 있을 겁니다. 그런 계산을 계속 이어가면, 1분 후 혹은 1시간 후의 상태도 알 수 있겠죠.

그렇겠네요. 그 녀석들은 단순한 전자와 원자핵일 뿐이니까요.

방금 중요한 이야기를 한 것 같아요. '**단순한** 전자와 원자핵'만 모여 있다면 그들의 미래는 이미 결정되어 있다고 보는군요. 그럼 그 외에 뭐가 더 첨가되면 미래가 불확실해질까요?

제 말은, 그러니까…… 마구 뛰어다니는 귀뚜라미나 강아지가 한 마리가 거기에 뛰어들면 난장판이 되고, 그 결과도 예측이 불가능해질 것 같아요.

귀뚜라미나 강아지도 결국 '단순한' 원자핵과 전자로 이루어진 것이잖아요. 이 모든 입자들을 고려해서 전기력을 계산하고, 그걸 바탕으로 뉴턴의 법칙을 적용한다면요?

음…… 귀뚜라미는 그럴지도 모르겠지만, 강아지는 우리처럼 생각하는 뇌가 있잖아요. 그러니 어떻게 뛰어다닐지 예측이 불가능할 것 같은데요.

다시 제5의 힘이 등장하는군요. 인간이나 강아지의 뇌 안에서는 과학이 설명할 수 없는 특별한 일들이 일어난다고 보는 거네요. '두 뇌를 가진 생명체가 존재하는 한, 세상의 미래는 결정되어 있을 수 없다.'

그게 과학적으로 맞나요?

현재 과학에서 제5의 힘은 존재하지 않는다고 알려져 있습니다. 뇌도 원자핵과 전자로 이루어진 물체에 불과하니, 역시 전기력으로 모든 일들이 설명되어야 하죠. 따라서 이 공간에 귀뚜라미나 강아지는 물론, 사람이 들어가 있어도 이 모든 것을 원자핵과 전자로 간주해서 어떤 일이 일어날지 계산할 수 있습니다.[**]

[**] 라플라스의 악마(Laplace's demon): 물리학자 라플라스는 "어떤 존재가 우주에 있는 모든 원자의 정확한 위치와 운동량을 알고 있다면, 뉴턴의 운동법칙을 이용해 미래를 완벽하게 예언할 수 있을 것"이라고 말했다. 이 가상의 존재를 '라플라스의 악마'라고 부른다.

그럼 선생님과 제가 1분 후, 그리고 1시간 후에 뭘 하고 있을지 계산할 수 있다는 말인가요? 실제로 계산해본 예가 있었나요?

아뇨. 실제로 해본 적은 없습니다. 알아야 하는 요소가 너무 많기 때문이죠. 개미 한 마리의 움직임을 계산하려고 해도 그 안에 들어있는 원자핵과 전자의 개수는 천문학적인 숫자인 데다가 그들의 현재 위치와 속도 등을 명확히 파악하고 있어야 계산이 가능하기 때문입니다. 전 지구에 존재하는 컴퓨터와 저장장치를 다 동원한다고 해도 개미 한 마리의 데이터조차 담을 수 없습니다.

역시 그렇군요. 어차피 계산이 불가능하다면, 이런 문제를 심각하게 다룰 필요가 있나요?

여전히 심각하다고 할 수 있죠. 미래가 이미 결정되어 있다면, 우리가 중요하게 여기는 의지나 결심, 사랑, 희망 등이 모두 허상에 불과할 수도 있거든요.

예를 들면 이런 건가요? 그 사람을 떠올리지 않으려고 노력해봤지만, 아무 소용이 없었다. 왜냐하면 나는 그를 사랑하도록 이미 결정되어 있었으니까.

일종의 '운명론' 같은 이야기네요. 물론 그런 경우도 해당되지만, 여기서 말하는 결정론은 훨씬 더 근본적이고 강력한 것입니다. 앞서

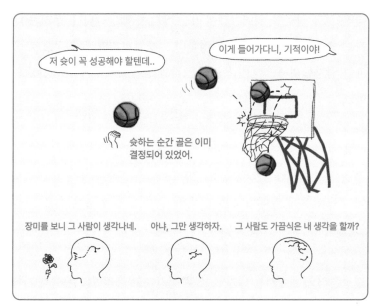

손을 떠나는 순간 공의 움직이는 경로가 결정되는 것처럼, 외부의 자극이 주어진 순간,
내 안에 일어날 생각도 이미 결정되어 있을까?

이야기한 것처럼 무수히 많은 수의 원자핵과 전자들을 떠올려보세
요. 그리고 그들이 전기력에 의해 서로가 뒤엉켜 복잡한 운동을 하
고 있는 모습을 상상해보세요.

네. 눈을 감고 상상해보고 있어요.

이들은 그저 뉴턴 법칙에 따라 매 순간 서로 힘을 주고받으며 이리
저리 움직이고 있을 뿐입니다. 우리 뇌에서 일어난 이들의 움직임이
우리에게 어떤 사람을 생각나게 만듭니다. 그리고 다음 순간의 움

직임이 '그 사람을 잊어야겠어'라는 생각에 해당합니다. 우리는 내가 스스로 마음을 정하고 결정한다고 생각하지만, 물리적으로 볼 때는 입자들의 움직임이 우리의 생각과 감정으로 인식되는 것일 뿐이죠.

이해가 안 돼요. 우리가 결심한 대로 잘 안 될 때도 있지만, 많은 경우엔 우리 의지대로 행동을 바꾸곤 하잖아요. 예를 들어 제가 원하기만 하면 언제든 손가락을 움직여서 피아노로 원하는 곡을 칠 수 있죠.

결정론의 세계에서는 내가 스스로 생각하고 움직였다는 생각 자체가 착각이라는 거죠. 물리적 관점으로 보자면, 원자핵과 전자가 물리 법칙에 따라 움직인 결과로 피아노 건반을 누르게 된 거니까요.

치다가 갑자기 그만두면요?

치다가 그만두는 게 원래 일어날 일이었던 것이죠.

너무 억지 같은데요?

'결정론'을 증명할 수도 없지만, 반박하기도 매우 어렵습니다. 누가 무슨 괴상한 행동을 하든 '그게 원래부터 일어날 일이었다'고 해석하니까요.

이게 과학적으로 맞는 해석이예요?

냉정하게 말하자면 그렇다고 할 수 있습니다. 뉴턴의 물리학에 따르면 '지금 상황이 바로 다음 순간의 상황을 결정한다'는 기계적 인과론이 성립합니다. 만일 그 인과론이 우주의 모든 구석구석에 대해 성립한다면, 미래는 결정되어 있을 수밖에 없습니다.

지금의 상황이 0.01초 후에 일어날 일을 결정하고, 그때 일어난 일이 다시 그다음 순간에 일어날 일을 결정하고. 이게 반복되면 그렇겠네요. 제가 다음 주에 프로젝트 발표를 하게 되어 있는데, 그 결과도 이미 결정되어 있겠네요? 만일 그렇다면 준비를 안 하고 그냥 놀기만 할래요.

오해하지 마세요. 결정론은 '네가 무슨 노력을 하든 어차피 결과는 같을 것이다'가 결코 아닙니다. 다만 우리가 무슨 선택을 하든 그쪽을 선택하도록 결정되어 있다는 뜻입니다. 열심히 노력해서 좋은 결과를 얻었다면 그것도 결정되어 있었던 것이고, 만일 포기하고 안 좋은 결과를 얻었다면, 그것 역시 결정되어 있었던 것이죠.

그럼 선생님도 결정론을 믿나요?

처음에 이 이야기를 접했을 땐 너무 충격적이고, 어떻게든 결정론이 틀리다는 증거를 잡아내고 싶었습니다. 그런데 조금 더 생각해

보니 굳이 결정론과 싸울 필요는 없다는 생각이 들더군요.

왜요?

이미 말한 것처럼 결정론이 맞는지, 틀린지는 확인하기가 거의 불가능합니다. 설사 결정론이 맞다고 해도 우리는 그 영향력을 직접 느끼지 못할뿐더러, 그 결정된 미래를 확인할 수 있는 방법이 없기 때문에, 별다른 조치를 취할 수도 없습니다. 결정론 때문에 낙심한 채 자포자기하면, '네가 그렇게 삶을 포기하도록 결정되어 있었다'라고 말할 테고, 결정론을 믿지 않고 변화의 가능성을 믿고 열심히 살아가더라도 '너는 그렇게 열심히 살도록 결정되어 있었다'라고 대답할 겁니다. 그러니 결정론에 얽매이지 말고, 오늘 묵묵히 최선을 다해 살아가는 편이 좋습니다. 그렇게 최선의 생을 살고 나면 삶의 끝에서 결정론이 이렇게 말해주겠죠.
'맞아, 그렇게 사는 것이 네게 정해진 길이었어.'

생명과 지능

1
생명체와 기계 장치

추석에 사촌 동생이 로봇을 가져왔어요. 손뼉을 치면 그에 맞춰 움직이고, 머리를 만지면 웃는 표정을 지어요. 근처에 자석을 가져가면 잡으려고 막 따라오구요.

재미있겠네요. 미래에는 애완동물 대신 사람들이 로봇을 하나씩 사게 될지도 모르겠습니다.

아무리 로봇을 잘 만든다고 해도 살아 있는 강아지나 고양이를 대체할 수는 없죠.

로봇과 생명체는 전혀 다르다는 거죠? 로봇이 아무리 발전하더라도 여전히 생명체와 구분해야 할까요? 생명이 대체 뭐길래 우리는

익숙한 것들의 마법, 물리2

거기에 특별한 의미와 가치를 부여할까요?

생명을 가진 동물은 기계와 확연히 다르다고 생각해요. 동물은 외부의 자극에 반응하고, 변화무쌍하게 움직이고, 배고픔이나 고통을 느끼기도 하죠. 로봇은 배고픔이나 고통을 모르잖아요.

만일 로봇이 배터리가 닳을 때마다 삐삐 신호음을 낸다면요? 또 머리를 만지면 웃지만 너무 세게 때리면 울음소리를 내도록 만들어졌다고 생각해보세요. 그럼 생명이라고 할 수 있을까요?

그건 회로에 입력된 대로 나오는 반응일 뿐이잖아요. 진짜 배고프거나 아파서 그런 건 아니죠.

과연 그럴까요? 17세기의 철학자 데카르트는 이런 말을 했답니다.

> 동물은 자동장치, 즉 기계다. 동물에게는 영혼이 없기 때문에 즐거움·고통뿐 아니라 그 무엇도 느끼지 못한다. 물론 동물을 칼로 찌르면 비명을 지르고 몸부림칠 것이다. 그러나 그런 반응을 보이는 이유는 고통 때문이 아니다. 그것은 시계가 째깍거리는 소리나 다름없다. 시계가 째깍거리는 이유는 기계장치의 원리에 따른 것이지 고통 때문이 아니다. 동물도 마찬가지다. 그들은 시계와 동일한 원리에 따라 움직일 뿐이다. 물론 동물은 시계보다 복잡하다. 시계는 인간이 만든 기계이지만, 동물은 신이 만든 훨씬 복잡한 기계이기 때문이다.

말도 안 돼요. 이제보니 데카르트는 굉장히 냉정하고 차가운 사람이었군요. 설마 물리학자들도 모두 같은 생각인가요?

저도 심정적으로는 반대합니다. 하지만 반대할 수 있는 과학적 근거를 대기는 쉽지 않답니다. '생명체 내부에서 일어나는 움직임은 기계와 어떻게 다른가?' 이건 제게도 무척 궁금한 문제였거든요. 기계 내부의 모든 움직임은 뉴턴 법칙으로 잘 설명이 되는데, **생명현상도 그저 뉴턴 법칙을 따라 일어나는 현상인지, 아니면 전혀 다른 방식으로 동작하는지 말입니다.**

생명체와 기계의 직접적인 비교라니, 흥미롭네요. 반드시 그 둘 간의 차이를 발견하고 말겠습니다! 제 사랑스러운 고양이를 결코 기계처럼 취급하도록 내버려두지 않을 거예요.

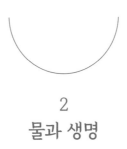

2
물과 생명

생명의 중요한 특징 중 하나는 이들이 '물'을 필요로 한다는 겁니다. 몸의 70% 이상이 물로 이루어진 것만 보아도 생명현상에 물이 얼마나 필수적인지 알 수 있죠.

그렇네요. 음식은 안 먹어도 한 달 정도 살 수 있지만, 물은 며칠만 못 마셔도 죽는다고 들었어요. 물이 대체 무슨 일을 하는 걸까요?

물 분자는 전기적 극성을 띠고 있고, 이 때문에 서로 달라붙는다고 했던 것 기억나요?

네, 그걸 무슨 결합이라고 했었는데⋯⋯

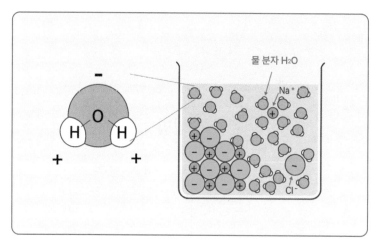

소금이 녹는 이유: 극성을 지닌 소금(NaCl)은 극성을 지닌 물 안으로 쉽게 파고든다.

수소결합이죠. 물 분자끼리 서로 달라붙으려는 성질이 몸 안에서 일어나는 여러 반응에 중요한 영향을 미칩니다. 물 안에 다른 물질이 들어올 때 그 물질이 물 분자처럼 극성을 갖고 있느냐, 그렇지 않느냐에 따라 결과가 크게 달라집니다. 먼저 물속에 소금 덩어리를 넣어볼게요. 소금은 나트륨과 염소 원자로 이루어지는데, +전기를 띠는 나트륨 이온은 물 분자의 산소에, -전기를 띠는 염소 이온은 물 분자의 수소에 끌리기 때문에 물 분자들 사이로 흩어집니다. 그래서 소금이 물에 녹는 것이지요.

그럼 물에 소금이 녹는 것도 전기력 때문이네요?

딩동댕! 맞습니다. 이제 양초 조각을 물에 넣어봐요. 파라핀처럼 주

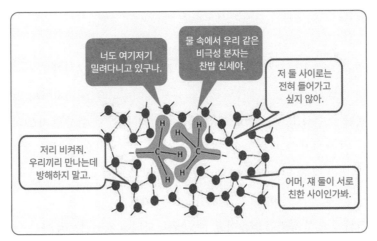

비극성인 탄화수소 화합물은 물속에 들어가면 물 분자에 밀려나 그들끼리 모인다.

로 탄소와 수소로 이루어진 분자들은 특별히 극성을 띠는 부분이 없고 모든 부분이 중성처럼 느껴집니다. 따라서 물에 녹지 않습니다. **극성을 가진 분자는 물과 잘 붙는다는 의미에서 '친수성', 극성이 없는 분자는 물과 친하지 않아서 '소수성'을 갖는다고 말합니다.** 물 분자나 알코올 같은 극성 분자들은 서로 끌어 당깁니다. 그럼 소수성 분자들은 어떨까요?

극성이 없으니까 서로 당기지도, 밀지도 않겠죠.

하지만 물속에서는 다릅니다. 비극성 분자들끼리 서로 뭉치는 모습을 볼 수 있습니다.

왜요?

물 분자는 물 분자와만 만나고 싶어 하는데, 소수성 분자가 중간에서 방해하니까 소수성 분자들을 자꾸 밀어냅니다. 여기저기서 밀려난 소수성 분자는 서로 만날 가능성이 커지고, 소수성 분자들이 한 번 모이면 그 사이로 물 분자가 들어올 가능성이 거의 없기 때문에 계속 붙어 있게 됩니다. 그래서 밖에서 볼 때는 마치 소수성 분자들끼리 서로 당겨서 붙는 듯한 느낌이 듭니다.

영화에 이런 장면이 있잖아요. 주인공이 파티에 참석했는데 아는 사람이 없어 뻘쭘하게 서 있다가 결국 파티장 구석으로 밀려나고, 거기서 자신과 비슷한 신세의 다른 사람을 만나는 이야기 말이에요.

파티에서 왕따당하는 주인공들이 비극성 분자와 같은 상황이라는 거죠? 그렇네요.

생명체는 이런 특성을 아주 잘 활용하고 있습니다. 예를 들어 인지질이라고 불리는 분자를 볼까요? 인지질은 특이하게도 머리 부분은 극성, 꼬리 부분은 비극성으로 이루어져 있습니다. 여러 개의 인시실 분자들을 물속에 담그면 어떻게 되겠어요? 머리 부분은 물 쪽을 향하고, 꼬리 부분은 물을 피해서 꼬리끼리 뭉치다 보면 이중의 판 모양이 만들어집니다.

하지만 판의 가장자리는 아직도 비극성이니까 완벽하진 않네요.

익숙한 것들의 마법, 물리2

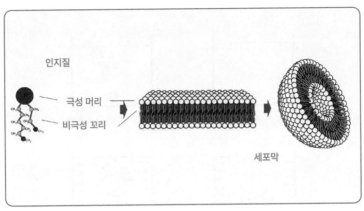

인지질 분자가 물속에 들어가면 비극성 꼬리끼리 달라붙어 세포막의 형태를 만들어 낸다.

가장자리도 물을 피할 수 있는 방법이 있습니다. 판을 동그랗게 휘어서 공 껍질 형태를 만들면 되죠. 공의 바깥과 안쪽에는 물로 채워져 있구요.

꼭 비누방울처럼 생겼네요.

맞아요. 비누나 세제의 계면활성제도 인지질과 같은 구조를 이루고 있어서 비누방울이 만들어지는 겁니다. 그리고 우리 몸 안에서는 인지질 분자들이 돌아다니다가 모여서 공 모양을 만들면, 그게 바로 세포막이 됩니다.

비누방울과 세포막의 원리가 같은 것이로군요. 이들도 +/-의 전기

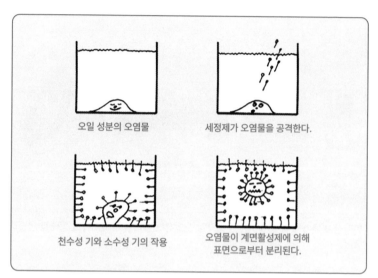

오일 성분의 오염물

세정제가 오염물을 공격한다.

친수성 기와 소수성 기의 작용

오염물이 계면활성제에 의해 표면으로부터 분리된다.

세제나 비누가 기름때를 제거하는 원리: 세제 분자의 비극성 부분이 오염물에 달라붙고, 극성 부분이 물과 만난다.

력 때문에 만들어지는 것이군요.

세제나 비누가 때를 제거하는 원리도 마찬가지입니다. 기름 성분으로 이루어진 오염물은 물 분자를 싫어하기 때문에 물로 씻어서는 잘 지워지지 않습니다. 이때 세정제가 들어가면 세정제의 비극성 부분이 오염물과 만나고 극성 부분이 물과 만나면서 바닥과 오염물을 분리시키고, 결국에는 오염물을 완전히 감싸서 바깥으로 데리고 나옵니다. 그래서 세제를 사용하면 기름때가 효과적으로 제거됩니다.

전기적인 극성, 비극성만 가지고도 할 수 있는 일이 많군요.

이어지는 단백질 이야기에서는 더 많은 역할들을 볼 수 있을 겁니다.

3
몸 안의 일꾼, 단백질

'단백질'하면 뭐가 떠오르죠?

3대 영양소 중 하나! 육고기! 근육!

저도 그렇게 알고 있었는데, 그보다 더 중요한 역할이 있습니다. **단백질은 우리 몸 안을 돌아다니면서 다양한 작업을 하는 일꾼, 말하자면 작은 로봇에 해당합니다.**

그런 이야기는 처음 들어보는데요.

색색의 구슬 중에서 원하는 것을 골라 줄로 꿰어서 목걸이나 팔찌를 만들어본 적 있죠? 단백질도 그와 비슷하게 20여 가지의 아미노

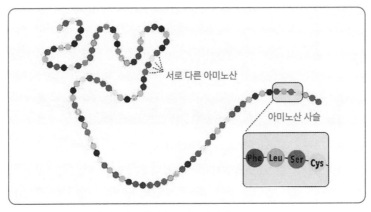

단백질은 서로 다른 아미노산들의 사슬로 이루어진다.

산들이 일렬로 연결된 사슬 모양으로 되어 있습니다.

그럼 모든 단백질이 다 이런 실이나 지렁이처럼 생겼나요?

공기 중에서라면 그렇게 보이겠지만, 물속에 들어가면 이것들이 특이한 모양으로 바뀝니다. 왜냐하면 이 각각의 아미노산의 곁사슬이 극성과 비극성을 갖는 조각들의 조합으로 이루어져 있기 때문이죠.

극성이면 물과 만나려고 하고, 비극성이면 물을 피해 안쪽으로 숨겠네요.

네. 그 과정에서 이 사슬이 특별한 형태로 접히는데, 이걸 '단백질

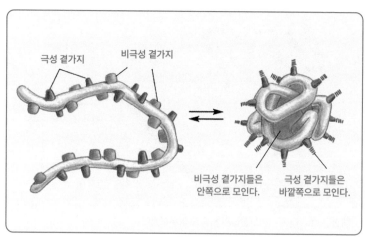

극성 곁가지   비극성 곁가지

비극성 곁가지들은
안쪽으로 모인다.   극성 곁가지들은
바깥쪽으로 모인다.

단백질 사슬은 물속에 들어가면 특정한 형태로 접힌다. [출처: Essential biology of the cell]

접힘'이라고 부릅니다. 서로 다른 아미노산 배열로 이루어진 단백질들은 그래서 접힌 모양이 모두 제각각입니다.

그렇군요. 하지만 같은 종류의 단백질이라도 접히는 모양이 딱 한 가지만 있는 건 아니겠죠?

과학자들도 그런 의문을 품고 연구해보았죠. 잠시 다른 모양으로 접힐 수는 있지만 주위 열에 의한 진동으로 금세 풀어져버려서 결국에는 가장 안정된 형태 한 가지만 남는다고 합니다. 그래서 단백질로서 자신의 기능을 충실히 수행하게 되죠. 여기 대표적인 단백질 몇 가지를 보세요.

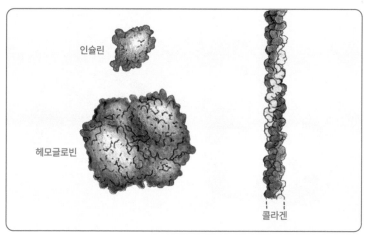

인슐린

헤모글로빈

콜라겐

몇 가지 단백질의 구조　　　　　　　　　[출처: Essential biology of the cell]

콜라겐, 헤모글로빈, 인슐린도 모두 단백질의 한 종류였군요. 그런데 단백질의 모양에 따라 기능이 달라진다는 게 무슨 말인지 모르겠어요.

단백질이 하나 있다고 합시다. 그 주변을 지나가던 어떤 분자가 이 단백질의 특정 부분과 전기적으로 끌어당겨 결합을 할 수 있겠죠? 단백질과 서로 아귀가 들어맞지 않는 분자는 잠시 붙었다가 떨어지겠지만, 어떤 분자는 단백질의 여러 부분과 전기적 결합을 하면서 단단하게 달라붙습니다.

바이러스 등의 항원에 대항하는 항체 단백질도 그런 예입니다. 항체는 항원의 특정 부위와 잘 결합할 수 있는 부위를 갖고 있어서, 항체에 달라붙어 더 이상 활동하지 못 하도록 막습니다. 이렇게 특

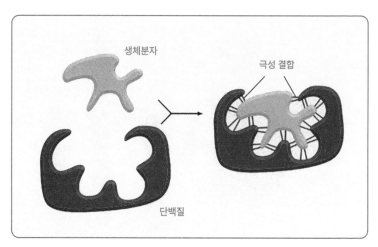

생체분자

극성 결합

단백질

어떤 단백질은 특정한 생체분자에 결합한다.

정 분자에 가서 달라붙는 것이 단백질의 가장 단순한 기능이라고
할 수 있죠.

코로나 같은 바이러스를 막아주는 것이 가장 단순한 기능이라구
요? 그럼 더 복잡한 기능은 뭔가요?

우리 침 속에 들어있는 천연항생제인 리소자임이라는 단백질을 볼
까요? 외부에서 박테리아가 침입해 들어왔을 때, 리소자임 단백질
의 중앙 부위가 박테리아 세포벽의 다당류 사슬에 결합되는데, 이
때 리소자임 단백질의 특정 부분에서 전기적 힘이 작용하면서 다
당류 사슬을 끊어버립니다. 그래서 박테리아를 죽이고 몸을 보호
하는 것이죠.

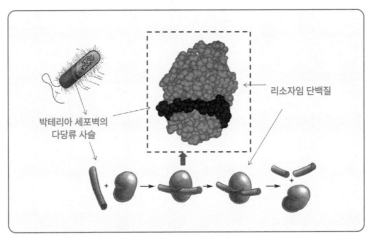

박테리아 세포벽의
다당류 사슬

리소자임 단백질

박테리아를 공격하는 침 속의 리소자임 단백질 [출처: Thomas Shafee from Wikimedia Commons]

와, 특정 부위만을 잘라내는 가위로군요.

반대로 절단된 부위를 붙이는 단백질도 있고요, 대상의 형태를 변형시키는 단백질도 존재합니다.

 금고털이(The Safe Crackers)

이 동영상을 한 번 보세요. 단백질이 금고 문을 여는 것도 가능하다는 것을 말해줍니다.

그게 정말인가요?

물론 단백질이 너무 작기 때문에 실제 크기의 금고를 열지는 못합니다. 하지만 여러 단백질이 복합적으로 작동한다면 열쇠를 잡아 돌리고 금고 문을 당기는 수준의 복잡한 일도 해낼 수 있다는 것은 사실입니다.

단백질이 몸 안에서 병균과 싸우고, 분자를 쪼개거나 연결하고, 필요한 물질을 합성하고, 옮길 수도 있다니 정말 몸 안의 일꾼이군요. 그런데 더 큰 움직임, 예를 들어 제가 팔을 휘두르는 것도 단백질이 하는 일일까요?

맞아요. 아주 가느다란 근육섬유들이 수없이 많이 모여서 그런 일을 합니다. 따로 설명은 하지 않겠지만, 결국 근육섬유 내부의 단백질의 각 부분이 전기적으로 밀고 당기고 하는 힘 때문에 우리 팔이 접히기도 하고 펴지는 거죠.

만약 전기적인 밀고 당김 때문에 이런 일이 일어난다면, 근육은 항상 한 가지 상태로 머물러야 하지 않나요? 왜 어떤 때는 이완, 어떤 때는 수축 상태로 있을 수가 있죠?

좋은 질문입니다. 근육의 경우에는 수축하려는 쪽으로 움직이는 것이 자연스럽습니다. 그러나 평소에는 미오신 주위를 어떤 물질이

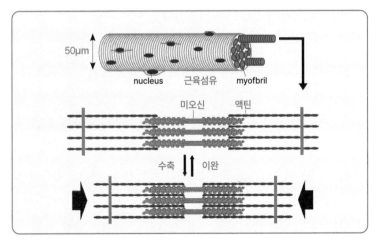

근육섬유의 내부 구조. 액틴 사이로 미오신이 미끄러져 들어가면 근육이 수축된다.

감싸고 있어서 이런 작용이 일어나는 것을 방해하고 있다가, 뇌에서 전기 신호를 보내면, 그때야 방해하고 있던 물질이 벗겨지면서 수축이 일어납니다. 즉, 뇌에서 특정 신호를 보낼 때만 근육이 수축하게 되죠.

아, 역시 뇌에서 모든 단백질의 움직임을 통제하는군요.

글쎄요. 그건 극히 일부고 대부분의 단백질은 뇌와 같은 상부의 지시를 받지 않습니다. 대신 주변 상황에 따라 자신의 업무를 할지 말지 결정하곤 합니다. 예를 들어 A라는 물질을 합성하는 단백질은 주변에 이미 A물질이 많으면 일부가 그 단백질에 달라붙어서 합성 활동을 방해합니다.

그럼 A물질의 합성 속도가 줄어들겠네요.

네, 그럼으로써 몸 안에 A물질의 양을 적당히 조절하는 거지요.

우리 몸에는 이렇게 서로 다른 단백질이 몇 가지나 존재하나요?

현재까지 알려진 단백질 종류는 10만 가지가 넘습니다. 이들은 각자 자신에게 주어진 일을 정확히 수행할 수 있도록 최적화된 형태를 갖고 있고, 이들에 의해 음식을 소화하고, 냄새를 맡고, 걷고, 말하고, 눈을 깜박일 수 있는 거죠. 요즈음 나노 기술에 대한 이야기가 많은데, 이 단백질들이야말로 수십 나노미터 크기의 정교한 '나노 로봇'이라고 부를 만합니다.
아래 동영상에서는 한 세포 안에서 활동하는 여러 단백질들의 움직임을 볼 수 있습니다.

세포 내의 모습(The Inner Life of the Cell)

무슨 SF 영화에 나오는 미래 도시나 외계인 세상을 보는 것 같은데요.

제 생각에도 +/-의 전기력만으로 이런 일들이 저절로 이루어진다고 믿기는 정말 힘듭니다.

우리 몸은 이렇게 복잡한 단백질을 어떻게 만들어냈을까요? 부모에게서 단백질을 모두 물려받나요?

그렇지는 않아요. 이제 이 단백질들이 어떤 과정을 통해 만들어지는지 알아보죠.

4
단백질 만들기

여기는 어디죠?

쉿, 생명체의 관리자들이 모여서 중요한 회의를 하는 중입니다.

> A: 이 생명체가 살아가는 데 필요한 단백질 나노 기계의 설계를 모두 마쳤어.
>
> B: 수고 많았군. 만들어야 하는 단백질 종류가 몇 가지나 되지?
>
> A: 5만 개 정도야.
>
> C: 뭐야? 그럼 몸 안에 5만 개의 서로 다른 공장이 있어야 한다는 거잖아? 이건 불가능해.
>
> B: 음. 5만 개의 공장을 만드는 데도 단백질이 필요하니까 적어도 100만 개의 단백질이 또 필요하겠는걸.

A: 나보고 공장까지 설계하라고 하는 건 아니겠지? 뭔가 다른 대책이 없을까?

B: 단백질을 일일이 조각해서 만드는 대신, 몇 개 조각을 줄줄이 연결해서 사슬 형태로 만드는 것은 어떨까? 마치 구슬로 목걸이 만들 듯 말이야.

A: 내가 설계한 단백질은 목걸이 같은 선이 아니라 복잡한 3차원 구조라니까.

B: 알아, 그 사슬이 특별한 방식으로 접히면 네가 설계한 3차원 구조처럼 되지 않을까?

C: 그래! 물속에 들어갈 때 그 사슬이 접히도록 하면 되겠다. 사슬의 일부는 물과 친한 극성으로, 일부는 물을 싫어하는 비극성으로 만들면 될 것 같아.

A: 잘하면 가능할 수도 있겠네.

B: 좋아 그 사슬에 들어갈 조각을 20가지 정도 만들어보자. 그 20가지 조각이 어떤 순서로 연결되느냐에 따라 단백질의 최종 모양이 결정되도록 하는 거야.

A: 음, 그럼 내 단백질을 사슬 형태로 재설계해야 하는 거네. 한번 해볼게.

C: 정말 획기적인 방법이야. 단백질의 모양을 일일이 설명할 필요없이 조각의 연결 순서만 지정하면 되거든. ECEFPN이런 식으로 말야. 단백질 설계도면이 필요 없는 거지!

사슬이 뭉쳐져 원하는 형태의 단백질 모양으로 바뀐다고요?

네. 몇 가지 구슬을 정해진 순서대로 줄에 꿰었더니 그 줄이 저절로

토끼 형상을 만드는 두 가지 방법

접히면서 토끼 모양이 된다고 생각해보세요. 토끼 모양을 직접 깎는 것보다 훨씬 쉽지 않겠어요?

단백질이 아미노산 사슬로 만들어졌다는 것에 그런 의미가 있었군요. 단백질 제작을 쉽게 해준다!

특정한 단백질을 만들려면 아미노산들을 어떤 순서로 연결할지 누군가 알려줘야 하는데, 그 정보를 담고 있는 곳이 바로 DNA입니다. DNA는 A, T, G, C 네 가지 조각(이 조각을 '염기'라고 부릅니다)으로 이루어진 기다란 사슬인데, 아미노산의 연결 순서를 가리킵니다.

아미노산은 20개가 넘는데, DNA는 겨우 네 종류의 알파벳만 사용

익숙한 것들의 마법, 물리2

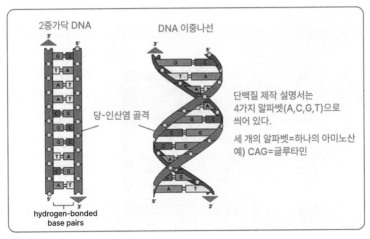

2중가닥 DNA

DNA 이중나선

당-인산염 골격

hydrogen-bonded
base pairs

단백질 제작 설명서는
4가지 알파벳(A,C,G,T)으로
씌어 있다.

세 개의 알파벳=하나의 아미노산
예) CAG=글루타민

네 개의 알파벳이 하나의 아미노산을 가리키고, 아미노산의 배열이 단백질의 구조를
결정한다.

한다고요? 그럼 불가능하잖아요.

후후, 방법이 있습니다. DNA의 알파벳 3개가 하나의 아미노산을
지정합니다. 예를 들어 ACG= 트레오닌 아미노산, GCA= 알라닌
아미노산 이런 식이죠. 우리 몸속에 있는 DNA를 일렬로 죽 펼쳐놓
으면 네 가지 알파벳으로 이루어진 된 문서가 될 텐데, 세 개씩 묶
어서 읽으면 아미노산의 순서를 알아낼 수 있습니다.

알고보니 DNA가 바로 단백질 제작 설명서였군요. 몸속에 들어 있
는 비밀코드를 과학자들이 다 알아냈다니 대단해요. 이 정보 중 하
나라도 잘못되면 어떻게 되나요?

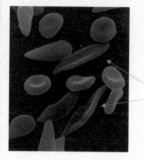

```
CCCTGTGGAGCCACACCCTAGGGTTGGCCA
ATCTACTCCCAGGAGCAGGGAGGGCAGGAG
CCAGGGCTGGGCATAAAAGTCAGGGCAGAG
CCATTCTATTGCTTACATTTGCTTCTGACAC
AACTGTGTTCACTAGCAACTCAAACAGACA
CCATGGTGCACCTGACTCCTGAGGAGAAGT
CTGCCGTTACTGCCCTGTGGGGCAAGGTGA
ACGTGGATGAAGTTGGTGGTGAGGCCCTGG
GCAGGTTGGTATCAAGGTTACAAGACAGGT
TTAAGGAGACCAATAGAAACTGGGCATGTG
GAGACAGAGAAGACTCTTGGGTTTCTGATA
GGCACTGACTCTCTCTGCCTATTGGTCTAT
TTTCCCACCCTTAGGCTGCTGGTGGTCCTTT
GGCACCCTAAGGTGAGGTTCTTTGAGTCCTTT
GGGGATCTGTCCACTCCTGATGCTGTTATG
GCTCACCTGGACAACCTCAAGGGCACCTTT
GCCACACTGAGTGAGCTGCACTGTGACAAG
CTGCACGTGGATCCTGAGAACTTCAGGGTG
AGTCTATGGGACCCTTGATGTTTTCTTTCC
CCTTCTTTTCTATGGTTAAGTTCATGTCAT
AGGAAGGGGAGAGTAACAGGGTACAGTTT
AGAATGGGAAACAGCAGAATGATTGCATCA
GTGTGGAAGTCTCAGGATCGTTTTAGTTTC
```

GTGCACCTGACTCCTG**A**GGAG --- 정상 유전자

GTGCACCTGACTCCTG**T**GGAG --- 비정상 유전자

비정상 베타 글로빈
으로 인해 형태가
바뀐 적혈구

인간의 DNA를 알파벳으로 표현한 모습. 그 가운데 베타 글로빈 단백질에 대한 정보가
들어 있다.

예를 들어 여기 DNA 한가운데 GAG라는 코드가 있는데, A가 T로
바뀌었다고 가정해봅시다. 그럼 GAG에 해당하는 아미노산이 들
어올 자리에 대신 GTG에 해당하는 아미노산이 옵니다. 아미노산
이 바뀌면 단백질이 다른 형태로 접히고, 적혈구가 원형이 아닌 뾰
족한 모양으로 바뀌어 버립니다. 따라서 이렇게 변형된 DNA를 갖
고 있는 사람은 빈혈을 앓게 된다고 합니다.

DNA 정보 하나만 바뀌어도 심각한 일이 일어나는군요. 그런데
DNA와 유전자는 같은 뜻인가요?

차이가 있습니다. DNA는 네 가지 알파벳으로 이루어진 이중나선

그 자체를 가리키고, 게놈(genome)은 DNA가 담고 있는 정보 전체를 의미합니다.

한 인간의 게놈 전체 내용을 책으로 만들면, 1,000페이지짜리 책 1,000권 분량이 됩니다. 작은 도서관 하나 정도의 정보가 DNA에 담겨 있는 거죠. 우리 몸 모든 세포의 핵마다 이 정보를 똑같이 복사해서 갖고 있습니다.

그러니까 세포 하나만 채취해도 그 사람의 DNA 전체를 조사할 수 있는 것이네요.

네. 도서관에 가 보면 사람들이 자주 찾는 책이 따로 있듯이 전체 게놈 가운데서도 실제로 단백질을 제작하는 데 사용하는 정보는 1%밖에 되지 않고 99%는 필요 없는 부분이라고 합니다. 이 1%에 해당하는 정보를 유전자라고 부릅니다. 우리 몸 안에 들어 있는 DNA를 한 줄로 풀어보면, 굵기는 2나노미터에 길이는 2미터나 됩니다.

세포핵은 눈에 보이지 않을 만큼 작을 텐데, 2미터 길이의 DNA를 담을 수가 있나요?"

어려운 일이죠. 이는 마치 40킬로미터 길이의 실을 주먹 만한 크기로 뭉쳐둔 것과 비슷합니다. DNA가 뭉쳐지는 방식도 대단히 체계적이고 정교합니다. 아까 DNA의 99%는 필요 없는 정보를 담고 있

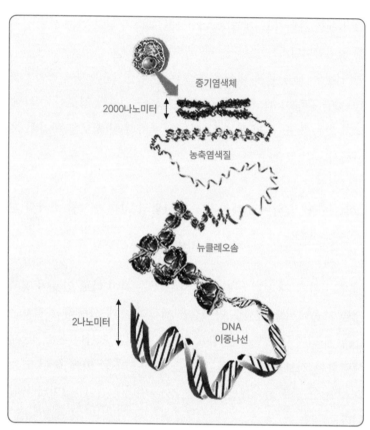

핵 안에 DNA가 가지런히 접혀 있는 모습

다고 했는데, 그 99%가 전기적으로 특정한 분포를 갖고 있어서 핵 안에 DNA가 잘 접혀 들어가도록 돕는다고 알려져 있습니다.

자, 이제 이 DNA에 담겨 있는 정보를 이용해서 어떻게 단백질을 만드는지 설명해야 할 것 같습니다. 우리가 새로운 요리를 만들고 싶을 때 어떻게 하나요?

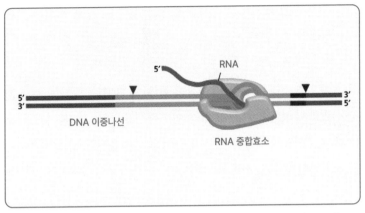

DNA에서 특정 단백질을 만드는 데 필요한 정보를 복사한다. 이 복사본이 RNA다.

음, 일단 인터넷에서 요리법을 검색하죠. 그리고 마트에서 재료를 사고, 요리법대로 조리를 합니다.

단백질 만드는 것도 비슷해요. 다만 몸 안에는 인터넷이 없으니 도서관에 가서 단백질 제작법을 알아와야 합니다.

아까 말한 DNA 말인가요?

네, 핵 안에 들어가서 DNA 뭉치를 들춰보면서 자신에게 필요한 정보가 어디에 있는지 찾아냅니다. 그리고 필요한 부분만 복사해옵니다.

대학생은 되어야 도서관에 가서 자신에게 필요한 자료를 찾고, 복

사실에 가서 그 페이지를 복사해올 수 있잖아요. 몸 안에서는 그걸 누가 한다는 말이죠?

RNA 중합효소라는 작은 단백질이 이 일을 합니다. 원하는 부분을 찾아내고 나선형으로 꼬여 있는 이중나선을 벌린 후, 복사기를 갖다 대고, DNA의 코드를 읽어 똑같이 복사해옵니다. 오로지 +와 -의 전기적인 힘을 느끼면서 말입니다. 이 복사본을 'RNA'라고 부릅니다.

저한테 가느다란 금목걸이가 하나 있는데, 이게 한번 꼬여버리면 여간 풀기가 어렵지 않아요. 어떤 때는 한 시간 동안 끙끙대다가 포기한 적도 있어요. 그런데 40킬로미터의 꼬인 실에서 원하는 정보를 찾아낸다니 믿기지 않네요.

저도 믿기 어렵습니다. 지금도 우리 세포 안에서는 수시로 DNA를 가지런히 풀어내서 RNA로 복제하고 있고, 매번 성공하고 있습니다. '내 인생은 왜 이렇게 되는 일도 없이 꼬이기만 하지?'라고 불평하는 그 순간에도 말입니다. 우리는 매 순간 벌어지는 이 놀라운 성공을 경축해야 마땅합니다.

복사된 RNA가 핵 바깥으로 나오면 리보솜이란 단백질이 기다리고 있다가 붙잡습니다. 여기서는 RNA의 코드를 세 개씩 읽어 이에 맞는 아미노산을 찾아다 연결시킵니다. 그 과정은 너무 복잡하니 일단 생략하죠.

익숙한 것들의 마법, 물리2

요리에서 필요한 '장보기' 과정이 세포 안에는 없네요.

그렇죠. 기본적으로 세포 안에는 여러 가지 다양한 아미노산이 주변에 떠다닙니다. 세포가 물로 가득 차 있으니 떠다닌다는 표현이 맞습니다. 물론 우리가 양분을 골고루 섭취하지 않아서 세포 안에 특정 아미노산이 부족하면 단백질을 제작하는 데 애를 먹겠지만요.

와, 단백질 하나 만드는데 이렇게 많은 과정이 필요하군요. 그리고 만들어진 단백질들이 세포 곳곳으로 흩어져 다양한 임무를 해내고 말이죠. 그런 일을 해야 비로소 우리 몸이 살아 있게 되는 거네요.

그럼 우리가 처음에 가졌던 의문으로 다시 돌아가볼까요? '생명체 안에 무생물에는 없는 특별한 힘이나 운동법칙이 존재할까?' 하는 의문이요.

세포 안에서 일어나는 일을 보여주는 동영상을 보았을 땐 살아 있는 작은 기관들이 '스스로' 움직이는 듯한 느낌을 받았어요. 그런데 알고 보니 그것들이 모두 단백질이었고, 단백질에 분포된 +/-의 전기적 특성 때문에 밀고 당기는 힘이 생긴다고 하셨잖아요. 그러니 결국 기계나 다름없다는 생각이 드네요. 아주 복잡한 기계요.

그래요. 생명체를 아주 복잡한 기계로 보는 것은 현대 과학이 생명 현상을 해석하는 하나의 방식이죠. 아직까지 생명체 내부의 어떤

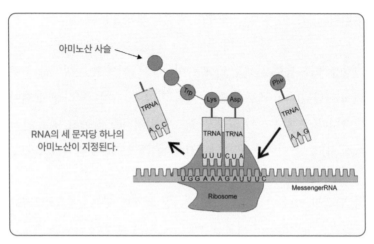

RNA로부터 단백질 합성하기   [출처: Wikimedia Commons]

현상이 일반 물리법칙을 위반하는 것을 한 번도 본 적이 없으니까요. 다만, 복잡함의 수준이 상상을 초월한다는 것이 문제입니다.

+/-의 전기 대신 우리에게 더 친숙한 N/S 극을 가진 자석을 상상해봅시다. 자석 역시 밀고 당기는 힘을 갖고 있으니까요. 제가 커다란 수조 안에 물을 채우고 수천 개의 자석을 여기저기 배치해두었다고 해봅시다. 이제 친구에게 새로운 자석을 이 수조에 던져보라고 말합니다.

던지면 무슨 일이 일어나는데요?

자석 하나가 달라붙더니 그것이 펄쩍 뛰면서 저쪽에 가서 다른 자석과 달라붙고 다른 자석은 밀어내면서 온갖 일이 벌어지기 시작합니다. 몇 초 후에는 두 다리와 두 팔을 가진 로봇 형태가 만들어집니다. 그리곤 친구를 향해 세 발짝 뚜벅뚜벅 걸어와서는 고개 숙여 인사를 합니다. 이런 일이 가능할까요?

모터나 다른 부품이 없이, 오직 자석만으로요? 잘하면 로봇 모양으로 뭉쳐지는 것까지는 할 수 있어도, 걷게 하는 건 어려울 것 같아요. 혹 잠시 걷는다 하더라도 곧 멈춰버리고 말겠죠.

생명현상이란 가만 내버려두어도 자석의 힘 때문에 로봇이 스스로 뛰어다니고, 공장을 짓고, 물건을 만들고, 거대한 도시를 건설하는 것과 같습니다. 우리는 이렇게 말하고 있는 셈이죠. "이 로봇이나 도시는 살아 있는 게 아니다. 다만 자석의 힘 때문에 도시가 살아 있는 것처럼 보일 뿐이다"라고요.

강아지 같은 동물은 엄청나게 복잡한 기계라고 해야 할지, 기계의 범주를 뛰어넘는 존재라고 해야 할지 모르겠습니다. 하지만 아무리 그래도 사람은 여전히 기계가 아니죠. 사람에게는 기계가 가질 수 없는 이성과 감정이란 게 있으니까요.

그럼 인간의 가장 큰 특징이라고 할 수 있는 '뇌'가 어떻게 동작하는지 살펴봐야겠네요.

5
뇌가 생각하는 법

요새 컴퓨터나 스마트폰은 아주 똑똑합니다. 내가 오늘 해야 할 일이 무엇인지 알려주고, 나한테 필요할 만한 물건들을 보여주고, 쓰지 않는 파일이나 앱은 보이지 않게 다 정리해줍니다. 나 아닌 지문, 눈동자, 목소리에는 반응하지 않고, 화면을 닫아버리기도 합니다. 이런 걸 보고 컴퓨터도 인간처럼 '생각'을 한다고 말할 수 있을까요?

아무리 똑똑하게 일을 처리한다고 해도 '생각'해서 한다는 느낌과는 달라요. 그냥 자신에게 정해진 일을 잘 처리하는 것뿐이죠. 남이 시키지 않아도 '스스로' 무언가를 결정하고 실행해야 자신의 '생각'이 있다고 말할 수 있지요.

컴퓨터는 스스로 결정하지 못하고 단지 시키는 일을 잘할 뿐이다?

그렇죠. 이미 하기로 정해진 일을 아주 빨리 처리할 뿐이죠. 하지만 사람은 그렇지 않잖아요. 아무리 하라고 해도 하기 싫다면서 거부할 때도 있고, 아무도 하기 싫어하는 일을 스스로 선택해서 하기도 하고요. 사람의 행동은 예측 불능이죠.

만일 고장 난 로봇이나 컴퓨터가 있다면 어떨까요? 어떻게 행동할지 역시 예측이 불가능하다면요.

음. 예측이 불가능하다고 해서, '생각'한다고 단정짓기는 어렵겠네요. 생각하는 존재라면 어떤 결정을 내리는 데 명확한 이유가 있어야 합니다. '바다가 보고 싶어서 버스에 올라탔다'라든지 '갑자기 깨달은 바가 있어서 술을 마시지 않기로 했다' 이런 식으로요.

'생각'을 한다는 것은 이미 정해진 행동을 반복하는 것도 아니고, 그렇다고 완전히 예측 불능의 결정을 하는 것도 아닙니다. 가끔 예상 외의 결정을 하는데, 그 나름대로의 이유나 사연이 있어야 한다는 뜻이네요. 좋습니다. 그런 '생각'이 뇌에서 어떻게 이루어지는지 알아보도록 합시다.

생각이 만들어지는 과정은 밝혀졌나요?

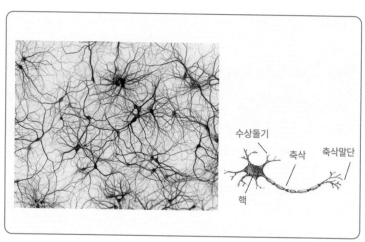

수상돌기

축삭

축삭말단

핵

우리의 뇌는 신경세포의 다발로 가득 차 있다.

여전히 모르는 게 많지만, 과거에 비해 꽤 많은 것을 알게 되었죠. 만일 우리가 앤트맨처럼 작은 존재가 되어 뇌 속을 돌아다닌다고 하면, 뉴런(neuron)이라고도 불리는 신경세포가 거미줄처럼 복잡하게 엉켜 있는 것을 보게 됩니다.

신경세포는 마치 뿌리와 긴 줄기를 가진 나무처럼 생겼군요.

이 뿌리 부분을 수상돌기라고 하고, 길게 뻗은 줄기를 축색, 또는 축삭이라고 부릅니다. 뿌리의 중심에 신경세포의 핵이 자리하고 있습니다. 뿌리, 즉 수상돌기에는 외부로부터 여러 전기 신호가 동시에 도착합니다. 신경세포는 이 신호들을 조합해서, 축삭으로 신호를 보낼지 말지 결정합니다. 축삭에서는 +전기와 -전기를 띤 이온들

익숙한 것들의 마법, 물리2

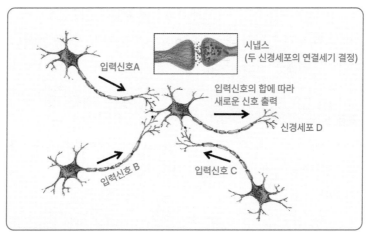

입력신호A

시냅스
(두 신경세포의 연결세기 결정)

입력신호의 합에 따라
새로운 신호 출력

신경세포 D

입력신호 B

입력신호 C

신경세포의 연결과 시냅스

이 펌프에 의해 이동하면서 전기 신호를 전달합니다. 이 전달 속도
가 초당 1미터에서 100미터까지 이릅니다. 그렇기 때문에 발가락이
밟혔을 때 금세 알아차리고 반응을 할 수 있는 것이지요.

'다른 신경세포에서 오는 신호를 넘겨받아 축삭을 따라 멀리까지
전달한다.' 이게 신경세포가 하는 일의 전부인가요? 생각은 어디서
하는데요?

'생각'의 비밀은 신경세포와 신경세포 사이의 연결, 그들의 네트워
크에 있습니다. 수없이 많은 신경세포의 말단이 다른 신경세포의
수상돌기와 접합을 이루면서 복잡한 그물망을 형성하고 있습니다.
두 신경세포의 연결 부위를 시냅스라고 하는데, 이들은 작은 간격

을 두고 떨어져 있고, 그 사이에 다양한 화학물질들이 분포합니다. 시냅스의 상태에 따라 축삭말단에서 온 신호가 다음 수상돌기로 넘어가는 효율이 달라집니다. 즉, 시냅스의 모양과 그 안의 화학물질이 두 신경세포의 연결 세기를 결정하는 것이죠. 신경세포의 연결과 시냅스 그림에서 D의 신경세포는 A, B, C 세 개의 신경세포로부터 신호를 받는데, 각 시냅스를 거치면서 각 신호의 강도가 조절되고, 그 신호 세기의 총합에 따라 D가 신호를 내보낼지, 아니면 무시해버릴지를 결정합니다.

'밥을 보니까 너무 먹고 싶다' 같은 간단한 생각을 하는 데도 엄청난 수의 신경세포가 동원됩니다. 이 과정을 극단적으로 단순화해서 한번 나타내보겠습니다. 우리 앞에 공깃밥이 놓였습니다. 뚜껑을 여니 하얀 김이 올라오고 향긋한 밥 냄새가 납니다. 손을 대보니 따뜻하네요. 이때 후각세포와 시각세포, 촉각세포가 자극을 받아 뇌의 신경세포로 신호를 보냅니다. 시냅스의 연결 상태에 따라 이 신호는 다음 신경세포로 전달되기도 하고, 더 이상 진행하지 못하고 차단되기도 합니다. 결국 마지막에 코의 근육과 연결된 신경세포에는 신호가 전달되지 않아 코를 찡그리지 않았지만, 눈은 깜박였으며 침을 분비했습니다.

우리의 반응이 저런 신경세포의 네트워크에 의해 결정된다는 말이군요. 하지만 우리가 로봇이 아닌 이상 항상 밥 앞에서 눈을 깜박이고 침을 흘리는 건 아니잖아요.

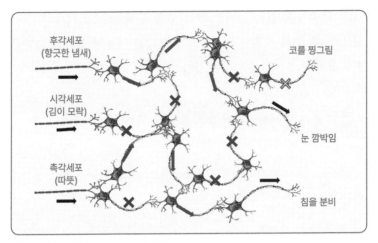

신경세포가 외부 자극에 반응하는 방식

그렇죠. 위 그림에는 많은 요소들이 생략되어 있습니다. 현재 배가 고픈지 아닌지에 따라, 그날의 기온, 마음 상태 등의 요소들이 모두 복합적으로 작용하겠죠. 뿐만 아니라 과거의 기억, 이를테면 밥을 먹다가 체한 기억 등이 작용한다면 저 결과는 바뀔 수도 있습니다.

기억은 어디에 저장되어 있는데요?

컴퓨터 같은 경우에는 하드디스크나 메모리 같은 기억장치가 있지만, 뇌에는 그런 장소가 따로 없습니다. 대신 신경세포의 연결 구조 자체, 그리고 시냅스의 연결 세기가 기억을 대신합니다. 말하자면, 우리가 어떤 경험을 할 때마다 그에 반응하여 신경세포가 새로운 곳에 연결되거나 시냅스에 저장되는 화학물질의 종류나 양이 바뀝니다. 그래서 다음 순간에는 다른 반응을 하게 되는 거죠. 친구가 이 대화를 통해 새롭게 이해하거나 기억한 내용이 있다면 그만큼 친구의 두뇌에 변화가 일어난 것입니다.

지금 뇌에 대해 이야기하는 순간에도 제 뇌가 바뀌고 있다고요?

그렇죠. 그래서 이전과는 다른 방식으로 말하고, 다르게 행동하게 되는 겁니다.

놀랍네요. 하지만 여전히 이것은 신경세포의 기계적 반응일 뿐이지, 제가 '의식적으로 생각'하는 것과는 다른 것 같은데요. 제가 의식적으로 신경세포를 새로 구성하거나 시냅스를 변형시킬 수 있는 게 아니잖아요.

그렇습니다. **아무리 복잡한 신경세포 네트워크라고 하더라도 결국엔 '외부 자극에 의한 반응'에 불과한 것처럼 보입니다.** 과거의 사건이 현재를 결정하고, 현재의 상태가 미래를 결정하게 되니까 뉴턴의 결정론에서 벗어날 수 없는 것이죠.

그럼 인간의 자유 의지는요?

안타깝게도 현대과학이 밝힌 것은 대략 이 정도까지입니다. '의지'나 '생각'의 본질이 뇌에서 어떻게 구현되는지는 명확히 알지 못합니다. 앞으로도 우리가 만족할 만한 답을 얻기는 쉽지 않을 듯합니다.

생각이 어떻게 생기는 것인지 아직 과학적으로 밝혀지지 않았다니 의외네요.

과학은 그 속성상 객관적으로 관찰하고 측정할 수 있는 양에 대해서만 조사할 수 있을 따름입니다. 생각이라는 것은 너무나 개인적이고 주관적인 경험이라 그 경험 자체를 측정하거나 관찰하는 것이 불가능합니다.

예를 들어, 저는 빨간색을 볼 때 정열적이고, 화려하고 강렬한 느낌을 받습니다. 과연 다른 사람도 빨간색을 나와 똑같은 방식으로 느끼고 있을까요? 다른 사람의 뇌에 들어가 보기 전까지는 알 수 없습니다. 다만 "빨간 옷을 입으니 아주 경쾌해 보여", "맞아. 회색 옷은 너무 칙칙해" 등의 대화를 통해 저 사람도 나와 비슷하게 느끼고 있다고 '짐작'할 뿐입니다.

과학의 영역에서는 이런 주관적인 느낌을 객관화거나 정의하는 것이 불가능합니다. 빨간색을 볼 때 어떤 신경세포가 자극되는지 조사하는 것이 전부죠. 그런 면에서 볼 때 '생각'이나 '의지'의 존재 여부를 과학적으로 판단하기는 용이하지 않을 것 같습니다.

좋아요. 그럼 인간은 로봇과 본질적으로 동등한가요, 아니면 전혀 다른 존재인가요?

인간의 뇌 안에서 일어나는 현상 자체로만 본다면 로봇과 다를 바 없습니다. 신경세포에서 일어나는 현상은 기계나 화학실험실에서 일어나는 물리, 화학반응과 다를 바 없거든요. 다만 엄청나게 복잡하고 정교하다는 특성을 갖습니다.

인간의 두뇌 안에는 대략 1,000억 개의 신경세포가 있다고 합니다. 많은 수 같지만, 우리가 영화 한 편을 1과 0의 신호로 저장할 때 사용하는 비트 수와 비슷하니, 충분하다고는 할 수 없습니다. 대신 각 신경세포는 (앞서 그림에서는 2~3개의 이웃 신경세포와 연결되어 있지만) 실제로 만 개가 넘는 다른 신경세포와 연결되어 있습니다. 거기서 생겨나는 복잡함은 상상을 초월하죠. 우주 전체의 은하계에서 발생하는 모든 현상보다 한 사람의 뇌 안에서 일어나는 일들이 더 복잡하다고 할 수 있습니다.

단지 복잡하다고 해서 기계에 없던 새로운 속성이 생겨난다고 할 수 있을까요?

아주 흥미로운 질문인데요, 그럴 가능성도 배제할 수는 없을 것 같습니다. 그런 가능성을 일부 보여주고 있는 것이 요즈음 떠오르는 인공지능 분야가 아닐까 합니다.

뇌도 이해하기 힘든데, 인공지능으로 넘어가자구요?

인공지능은 뇌와 비슷한 면이 많아, '단순화된 뇌'라고 할 수 있습니다. 그러니 인공지능을 통해 뇌를 이해하는 것도 나쁘지 않습니다.

알겠습니다. 근데 머리가 아파오네요.

신경 네트워크에 갑자기 너무 많은 변화가 찾아와서 그런가 봅니다. 쉬어가는 김에 한 가지 질문을 해보죠. 우리가 뇌를 온전히 이해할 수 있으려면 우리의 뇌가 지금보다 더 복잡해야 할까요, 단순해야 할까요?

당연히 단순한 게 이해하기 쉽겠죠. 아, 그런데 저의 뇌가 단순하다면 이해력이 떨어질 테니 뇌는 충분히 복잡해야 할 것 같기도 하고, 으악 더 머리가 아파옵니다.

그렇죠? 우리는 뇌를 가지고 뇌를 이해하려는 모순에 빠져 있는 것입니다. 그러니 머리가 아플 수밖에요.

제가 좋아하는 화가 에스허르의 그림에도 그런 모순이 있어요. 〈Drawing Hands〉, 손을 그리는 손 말이에요.

정말 그렇군요. 손 그림을 그리기 위해서는 손이 필요하고, 그래서 그 손을 그려야 하는 상황이네요.

인간이 과연 자신의 뇌를 사용해서 뇌를 이해할 수 있을지, 생각이

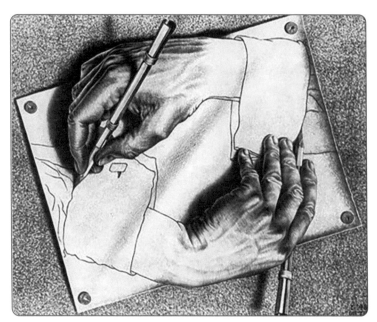

M.C.에스허르의 〈그리는 손〉

무엇인지 생각해낼 수 있을지 궁금하네요.

익숙한 것들의 마법, 물리2

6
인공지능

인공지능의 역사는 오래되었습니다. 오늘날의 컴퓨터가 만들어지기 전부터 그 아이디어가 등장했고, 오래전부터 꾸준히 연구해온 사람들이 있었습니다. 하지만 큰 진전을 보지 못하다가, 2016년 이세돌과 알파고의 대결로 깜짝 등장하면서 전 세계의 이목이 집중되었지요.

그런데 왜 장기나 체스, 오목 같은 경기가 아니라 하필 바둑이었을까요?

체스나 장기를 컴퓨터와 둬온 지는 이미 오래고, 거기서는 벌써 컴퓨터가 사람을 능가했습니다. 컴퓨터가 똑똑해서가 아니었습니다. 컴퓨터는 차(車)를 먼저 움직이는 수, 마(馬)를 먼저 움직이는 수 등

가능한 모든 수를 미리 다 두어봅니다. 그리고 그 가운데 승리할 확률이 가장 높은 수를 고르는 것입니다. 즉, 무식하게 모든 계산을 일일이 다 해보는 것이죠. 그러나 한 번에 움직일 수 있는 말이 20개 정도밖에 안 되는 체스나 장기에 비해, 바둑은 돌을 놓을 수 있는 공간이 361개나 됩니다. 내가 27번 자리에 놓고, 상대방이 250번 자리에 놓고, 내가 214번 자리에 놓고……. 이 모든 경우의 수를 다 계산하려면, 아무리 최신 컴퓨터라고 해도 엄청난 시간이 걸립니다. 그리고 초반에 몇 집을 잃는 결정이라 해도 막판에 이러한 수들이 도움을 줘 역전승이 가능하기 때문에 무엇이 최선의 수인지 결정하기도 쉽지 않죠. 그래서 인간의 직관이 중요해지고, 직관을 갖기 힘든 컴퓨터는 인간의 상대가 될 수 없었던 것입니다. 그러나 이제는 컴퓨터가 인공지능이라는 새로운 방식으로 바둑을 두기 시작했습니다.

인공지능은 어떻게 바둑을 두나요?

일반 프로그램과 인공지능의 차이를 설명해볼게요. 컴퓨터와 상대하는 대부분의 게임에서는 일반 프로그램과 겨루게 됩니다. 일반 프로그램은 프로그램을 만든 사람이 컴퓨터의 행동 규칙을 미리 정해둡니다. '오목에서 상대방의 돌이 4개 연속 늘어서 있다면, 나머지 한쪽도 막는다', '컴퓨터측의 병력이 상대방보다 2배 이상 우세하면 적의 본진으로 진격을 시작한다' 이런 식의 규칙이죠. 이런 규칙을 알고리즘이라고 합니다. 컴퓨터가 얼마나 똑똑한가는 이 알

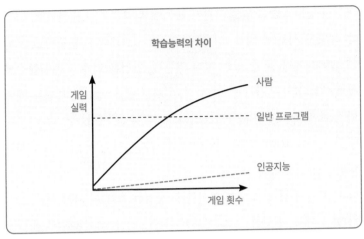

인공지능과 사람의 학습능력

고리즘을 만든 개발자의 실력에 달려 있습니다. 그리고 따로 개발자가 업데이트를 하기 전까지는 이 알고리즘이 변함없이 유지됩니다. 반면, 인공지능에서는 컴퓨터에게 어떤 알고리즘도 알려주지 않고, **매번 알고리즘을 조금씩 바꿔보면서 어떤 알고리즘이 가장 유리한지 찾아보라고 합니다.** 한참 시간이 흐른 후에 컴퓨터가 과연 어떤 알고리즘을 갖게 될지는 미리 예측할 수 없습니다. 그래서 인공지능은 매번 새로운 것을 익혀가는 '학습능력'이 있다고 말합니다.

이런저런 알고리즘을 다 시도해보려면 시간이 너무 많이 걸리지 않을까요? 계속 지기만 하다가 세월이 다 갈 것 같은데요.

맞아요. 아무것도 모르는 상황에서 시작해서 시행착오를 통해 하나하나 알고리즘을 만들어가기 때문에 굉장히 비효율적이고, 배우는 속도도 사람에 비해서 아주 느립니다. 그럼에도 불구하고 사람의 실력을 능가할 수 있는 길이 있는데, 그것은 엄청난 게임횟수를 통해서입니다. 우리가 밥 먹고 쉬고, 자고 있을 때도 컴퓨터는 계속 다른 사람과 또는 다른 컴퓨터와 수천, 수만 번의 게임을 하면서 알고리즘을 향상시키는 것입니다. 인공지능의 무서운 점이 이것입니다.

알파고 역시 어느 정도 알고리즘을 정립한 후에는, 자기 자신과 바둑을 두면서 더 좋은 수를 깨우쳐 나갔습니다. 이세돌과 대결 직전에는 4주 동안 백만 번의 대국을 두었다고 합니다.

엄청나군요. 어찌 보면 인간을 이긴 게 당연해 보이기도 하네요. 요새 유행하는 쳇GPT도 엄청난 학습의 결과일까요?

그렇죠. 인터넷에서 접할 수 있는 모든 정보와 문장을 학습한 것이죠. 또 쳇GPT가 공개된 이후로 전 세계의 사람들이 접속해서 계속 인공지능에게 말을 걸고 있는데, 인공지능으로서는 좋은 학습의 기회가 되는 것이죠.

과거에는 왜 학습하는 프로그램을 만들지 못했나요?

사실 컴퓨터가 할 수 있는 일이란 전기를 이용해서 1과 0을 더하거나 곱하고, 그 결과를 저장하는 일이 전부입니다. 이런 '단순한' 컴

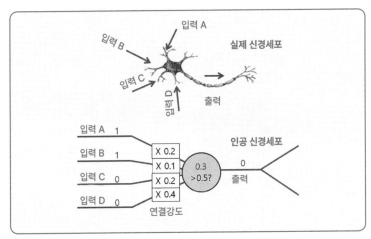

신경세포의 동작을 수학적 계산으로 대체한 인공 신경세포

퓨터를 가지고 무언가를 학습하도록 만든다는 것 자체가 말처럼 쉬운 일이 아닙니다.

그럼 어떻게 컴퓨터가 인공지능으로 변신하게 되었죠?

인간의 신경망에서 아이디어를 가져왔습니다. 신경세포 하나하나가 외부의 여러 입력을 받아서 출력하는 단순한 계산기처럼 보였기 때문에 그걸 흉내낸 것이죠.

네 개의 뉴런으로부터 입력신호를 받아 그 결과를 내보내는 뉴런의 동작을 숫자계산으로 바꾸면 위의 그림과 같습니다. 예를 들어 A와 B로부터 신호가 왔다면, 거기에 1의 값을 부여합니다. 시냅스의 연결 상태는 연결 강도를 곱하는 것으로 대신합니다. 입력 A에

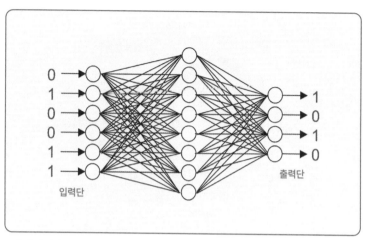
6개의 입력과 4개의 출력을 갖는 간단한 인공신경망

는 0.2가, 입력 B에는 0.1이 곱한다고 가정해봅시다. 이들의 합은
0.3이고, 이는 기준값 0.5보다 작으니까 이 인공뉴런은 0의 출력값
을 갖습니다.

이 출력값을 어디다 쓰는데요?

다른 인공 신경세포의 입력으로 사용되죠. 예를 들어 인공뉴런 12
개를 적절히 연결하면 아래와 같이 6개의 입력단과 4개의 출력단
을 갖는 신경망을 만들 수 있습니다.

고작 1과 0을 나타내는 이 신경망으로 무엇을 할 수 있을까요?

익숙한 것들의 마법, 물리2

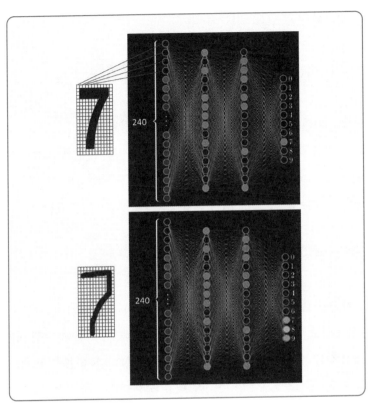

숫자를 인식하는 인공신경망

종이에 쓴 숫자를 인식하는 인공지능의 예를 보여드릴게요. 이 인
공신경망은 240개의 입력단과 10개의 출력단을 갖습니다. 종이에
무언가를 쓰면, 이 그림을 240개의 화소로 분해해서 각 입력단에
1 또는 0을 입력합니다. 1은 검은 부분, 0은 흰 부분이라고 가정하
죠. 3단계의 뉴런세포를 거치면 마지막에 특정 출력단에 1을 내보
내게 됩니다. 이 경우엔 8번째 출력단에서 1이 나왔는데, 이는 입력

된 숫자를 '7'로 인식했다는 뜻입니다.

어떻게 7이란 것을 알았을까요?

이런 결과가 나올 때까지 각 인공뉴런에 할당된 연결강도 값을 계속 바꿔본 것이죠. 저렇게 쓴 7 외에 다른 숫자도 역시 제대로 알아볼 수 있느냐가 문제입니다. 예를 들어, 조금 삐뚤삐뚤한 글씨체로 7을 써봤더니, 이번엔 세 개의 출력단에서 모두 1이 나왔습니다.

7도 될 수 있고, 8, 9도 될 수 있다는 뜻인가요?

말하자면 그렇죠. 헷갈린다는 뜻입니다. 이런 경우 인간이 '이것도 7이야'라고 알려주면, 컴퓨터는 아까 것도 7이고, 이번 것도 7이라고 인식할 수 있도록 연결강도 값을 재조정합니다. 이게 인공지능의 학습이죠. 물론 7뿐만 아니라, 다른 숫자들도 각각 다양한 형태로 보여주면서 모두 학습시켜야 합니다. 상당한 시간이 걸리는 작업입니다.

결국 성공하나요?

앞에서 보여준 정도의 신경망으로는 만족스러운 결과를 얻기가 어렵습니다. 인간 정도의 인식 능력을 갖추려면, 훨씬 더 많은 인공뉴런을 연결해야 가능합니다. 물론 그만큼 학습 시간도 길어지고요.

익숙한 것들의 마법, 물리2

다음 영상은 약 2,000개의 뉴런과 120만 개의 시냅스(연결강도값)을 사용해서 만든 숫자 인식 기능을 보여줍니다. 요새 펜으로 패드에 글자를 쓰면 컴퓨터가 그걸 숫자나 문자로 변환해주는데 거기도 이런 인공지능 기술이 접목된 것이죠.

뉴럴 네트워크 3D 시뮬레이션

겨우 0부터 9까지 숫자를 알아보는 데도 이렇게 많은 작업이 필요하네요. 새삼 제 머리가 대단해 보이네요.

우리는 숫자뿐만 아니라 글자를 읽고 문장을 이해하며 문맥 사이에 숨은 묘한 뉘앙스를 파악하기도 합니다. 심지어는 외국어를 새로 배우기도 하죠. 하나의 두뇌로 이 모든 걸 습득하는 거니까 정말 놀라운 일입니다. 숫자 인식은 비교적 오래된 인공지능입니다. 현재는 영상을 보고 개가 몇 마리고 고양이가 몇 마리인지 알아보고, 그 영상을 묘사하는 문장을 스스로 만들어내기도 합니다. 또 예술 분야에서도 인공지능이 그린 그림과 인간이 그린 그림을 구분할 수 없을 정도가 되었지요. 공모전에서 대상을 받기까지 했으니까요.

인공지능이 결국은 모든 면에서 인간을 능가하고, 인간은 거의 쓸모없어지는 날이 올 거라고 경고하는 사람들이 있어요. 선생님 생각은 어떤가요?

인공지능의 발전이 초기의 예상보다 빠르고 강력한 것은 사실입니다. 게임이나 자료 분석, 비서 역할, 의료 처방 등의 특정 기능에 있어서 인간의 능력을 넘어서고 대체하리라는 것은 분명한 것 같습니다.

그럼 인간은 아무 할 일이 없어지는 걸까요?

그렇지는 않습니다. 산업혁명 이전 인간의 노동력은 대부분 나르고, 조립하고, 다듬는 등 단순한 작업에 국한되었습니다. 그러다가 힘센 기계가 등장해서 인간의 일을 대신하게 되었을 때, 그들이 느꼈을 당혹감을 상상해보십시오. 이제 인간은 할 일이 없어졌다며 불안해했을 것입니다. 실제로 대부분의 공산품은 공장의 정밀기계에 의해 생산하게 되었죠. 하지만 우린 그보다 더 정교하고 복합적인 일에 집중하게 되었고, 인간의 일은 축소되지 않았습니다. 마찬가지로 앞으로 '단순한 지적 노동'을 인공지능이 대신하게 될수록 인간은 더 고차원적인 일을 찾아가게 될 것입니다.

더 고차원적인 일이라는 게 무엇인가요?

아직은 분명하진 않지만, 저는 있으리라고 봅니다. 공장에서 기계로 만든 지갑이나 허리띠보다 조금 엉성하지만 사람의 손길이 느껴지는 '수제품'이 더 높은 가치를 지니듯, 인공지능이 만들어낸 그림이나 소설, 음식보다 사람이 직접 공 들여 만든 '인간적인' 작품들이 더 귀하게 여겨질 수도 있겠죠.

오, 정말 그럴 수도 있겠군요.

단순한 개별 능력들으로만 본다면, 인공지능은 인간을 앞설 수 있습니다. 인공지능과 관련해서 저를 가장 궁금하게 만드는 질문은 따로 있습니다. '인공지능도 의식, 혹은 인격을 가질 수 있을까?'입니다. 친구는 저를 인격체로 여기나요?

당연하죠. 선생님도 한 명의 고귀한 인간이니까요.

제가 인간이라는 것을 어떻게 확신합니까? 알고 보니 제 몸의 90%가 기계와 전자회로로 이루어졌다고 하면, 배신감을 느끼고 제 전원을 꺼버릴 건가요?

아뇨, 선생님이 혹 100% 인공지능이었다 하더라도 선생님은 인간과 동등하다고 주장할 것 같아요. 왜냐하면…… 선생님은 인간적이거든요.

'인간적'이라는 뜻이 뭡니까?

사람과 오랫동안 대화해보면 느낄 수 있죠. 상대방이 때론 즐거워하고, 열정을 갖기도 하고, 당혹해하고, 슬퍼하기도 한다는 것을 상대방의 눈빛과 표정에서 느낍니다.

그게 인간의 조건이라는 걸 누가 가르쳐줬나요?

아뇨. 직감이죠. '나랑 똑같은 존재구나'라는 느낌이 들 때 인간이
라고 확신하는 것 같아요.

아주 중요한 이야기를 했습니다. 인격의 존재 여부를 객관적으로
판단하는 기준은 만들기 힘듭니다. 하지만 그럼에도 사람은 예리
한 판단 기준을 갖고 있는데, 바로 '나와 같은 존재인가'라는 기준입
니다. 그 기준으로 상대방이 사람을 완벽하게 흉내 내는 로봇인지,
비록 정신이 불완전하지만 진짜 사람인지 가려내는 것이죠. 인공지
능에 관한 이론을 구축했던 과학자 튜링도 인공지능을 판단하는
기준으로 다음과 같은 테스트를 제안했습니다. 테스트를 진행하는
사람은 진짜 사람 A, 인공지능 B와 문자로 질문하고 대답하는 대
화를 시도합니다. 이때 질문자가 A와 B 중 어느 쪽이 인공지능인지
알아챌 수 없다면, B는 '사고하는' 능력이 있다고 할 수 있습니다.

정말 주관적인 평가 방법이네요.

네, 하지만 그보다 나은 방법은 찾기 어렵습니다. '인간됨'의 의미는
오직 인간만이 알고 있기 때문이죠.

결국 인간과 동등하다고 인정할 만한 인공지능이 나타날까요?

음, 그것이야말로 인공지능과 관련해서 저를 가장 궁금하게 만드는 질문입니다. 지금 같으면 '노'라고 하고 싶습니다.

왜죠?

인공지능이 "바닷가의 짭조름한 기운이 콧등을 맴돌았다"라고 말하거나, "새벽안개가 엄마 품처럼 우리 오두막을 감싸 안았다"라고 쓸 수는 있을 것입니다. 그러나 인공지능이 정말 바닷가의 짠내와 엄마 품을 경험해봤을까요?

그러지 못했겠죠.

그렇죠. 그러니 이건 다른 사람의 글을 모방한 것이지, 진짜 자신의 경험에서 나온 글이 아닙니다. 가짜 글인 것이죠. 그런 면에서 인공지능은 진실하지 않습니다.

진실성의 문제라는 말인가요?

그렇죠. 말은 그럴듯하게 할 수 있지만 진짜 경험을 함께 공유할 수 없다면, 우리는 그와 진정한 대화를 나눌 수 없을 것입니다. 인공지능이 인간과 진정으로 교감할 수 있으려면, 인공지능도 인간이 체험한 것들을 모두 겪어야 합니다. 엄마의 몸에서 나와 울음을 터뜨리고, 엄마의 품에 안겨 젖을 빨고, 배고픔과 추위, 비난과 격려를 경험하고, 희망과 좌절을 모두 겪어봐야 합니다.

음, 그런 인공지능도 나중에 나오지 않을까요?

인간의 탄생으로부터 모든 과정을 온전히 체험하려면 인간의 육체가 필요합니다. 인간의 몸을 갖고, 인간과 유사하게 먹고, 마시고, 싸고, 자면서 24시간을 온전히 살아내야 합니다. 지금처럼 밤새 인터넷에서 검색하고 분석한 자료 등을 메모리에 주입하는 방식으로는 온전한 인간다움을 가질 수 없겠죠.

매일 인간처럼 살아간다면, 딱히 인간보다 능력이 더 뛰어날 수도 없겠네요.

그렇죠. 우리의 인간성은 사실 부족한 정보와 불확실성, 두려움 등의 결핍과도 연결되어 있는 것이니까요.

결핍이 인간성에 필수적이라는 거네요.

네, 그렇게 생각합니다. 게다가 심한 결핍을 경험한 사람일수록 위대한 작가나 예술가가 되는 경우가 많죠. 결핍을 모르는 인공지능도 어느 수준까지는 인간의 경험을 흉내 내겠지만 한계를 뛰어넘지는 못할 것입니다. 공장에서 만들어진 물건이 사람의 솜씨보다 완벽하긴 하지만, 사람 손이 빚어내는 그런 감성은 갖고 있지 못하는 것처럼 말입니다.

그럼 인공지능이 그린 그림도 완벽할 수는 있지만, 사람의 그것과는 차이가 있을 수 있겠네요.

자기 집에는 인공시능이 그린 그림 말고, 진짜 사람이 그린 그림이 걸려 있다며 자랑하는 날이 올지도 모릅니다. 인공지능의 발달이 인간의 고유성을 위축하고 침해한다고 느끼고 우려하는 분들이 많습니다. 하지만 반대로 이런 인공지능과의 경쟁이 어쩌면 진정한 인간성을 재발견하는 기회가 될지도 모릅니다. 그리고 인간이 자신을 흉내 내는 기계를 만들었다는 사실은 인간의 이성이 그만큼 뛰어나다는 반증이기도 합니다. 인류를 위협하는 가장 위험한 상대는 인공지능이 아니라 아마도 인간 자신일 것입니다.

인공지능 vs 뇌의 물리적 성능 비교

인공지능은 앞으로 모든 면에서 인간을 앞지르게 될까?

일단 컴퓨터의 데이터 처리 방식과 뇌의 신호 처리 방식은 많이 달라서, 인간의 뇌와 컴퓨터의 두뇌에 해당하는 CPU를 직접 비교하는 것은 불가능합니다. 하지만 참고 삼아 그냥 일대일로 한번 비교해보겠습니다. CPU나 GPU가 수십 개 또는 수천 개의 코어를 갖는다고 하면, 그에 비에서 인간은 약 1000억 개의 뉴런을 갖고 있고요. 컴퓨터가 초당 몇조 개 연산을 수행하는 동안 인간의 뇌에서는 천억 개의 느린 뉴런이 협력하여 CPU의 약 만 배에 해당하는 연산을 해냅니다. 이 연산을 하는 동안 컴퓨터는 수백 와트의 전력을 소비하고요. 그래서 엄청난 열이 발생합니다. 컴퓨터를 열어보면 CPU 위에 커다란 팬이 달려 있는데, 열을 식히기 위해서입니다. 하지만 인간의 두뇌는 엄청난 연산을 하는데도 전구 한 개 정도의 전력만을 소비합니다. 덕분에 뇌를 선풍기나 얼음으로 식히지 않아도 문제없이 작동하는데, 이것은 정말 놀라운 일입니다.

그냥 물리적으로 비교했을 때, 아무리 좋은 인공지능이라도 인간의 뇌만큼 복잡하고 다양한 연산을 효율적으로 해내지는 못합니다. 바둑이나 특별한 일에 있어서는 인간을 앞지르는 것이 가능하지만 하나의 독립된 인공지능이 모든 측면에서 인간을 앞서기는 쉽지 않을 것 같습니다.

익숙한 것들의 마법, 물리2

3장

작은 세계의 마법: 양자역학

1
2% 부족한 고전역학

고성능 현미경으로 손바닥을 보면 무엇이 보일까요?

솜털이나 핏줄 같은 게 보이겠죠. 핏줄 속을 흐르는 적혈구도 보이고.

배율이 더 높다면요?

적혈구 내부의 분자 같은 게 보이겠죠. 더 자세히 보면 그 분자를
이루는 각각의 원자들이 보일 테구요.

배율이 훨씬 더 높다면요?

원자는 원자핵과 그 주위를 도는 전자들로 이루어졌다고 했잖아

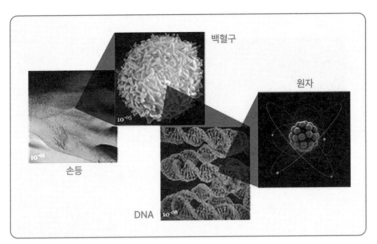

손등-백혈구-DNA-원자

요. 정신없이 돌고 있는 전자들을 볼 수 있겠네요.

좋아요. 세상은 이렇게 원자들, 더 작게는 원자핵과 전자들의 조합으로 이루어져 있고, 이 원자핵과 전자들이 서로 전기적인 힘을 주고받으면서 이 세상을 움직여요. 세상은 아주 작은 입자(알갱이)들의 집합이고, 이 각각의 입자들의 움직임을 파악하는 것이 물리학의 전부라고 해도 과언이 아닙니다.

그럼 이제 완벽하게 파악이 되었나요?

뉴턴 역학이 완성되면서 물리학의 체계가 거의 마무리되었다고 생각했죠. 그런데 문제가 하나둘씩 드러나기 시작했어요. 가장 어려

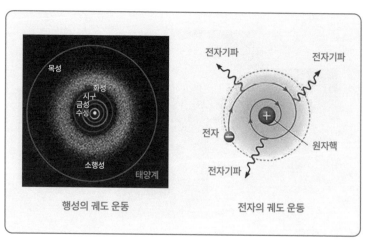

전자기파   전자기파

전자   원자핵

전자기파

행성의 궤도 운동   전자의 궤도 운동

행성과 전자의 궤도 운동

운 것은 원자를 이해하는 것이었습니다. 아까 말한 대로 원자핵 주
변을 도는 전자를 상상해보세요. 이 이미지는 태양을 중심으로 돌
고 있는 행성들의 궤도와 아주 유사해요. 이걸 처음 발견한 사람들
은 가장 작은 세계와 거대한 천체의 구조가 흡사하다는 것에 경탄
을 금치 못했죠.

정말 그렇군요. 그런데 여기에 무슨 문제가 있다는 건가요?

전기적인 힘으로 인해 전자가 원자핵 주위를 도는 것이라면 전자
는 원자핵에 가깝거나 조금 멀거나, 아주 멀거나, 얼마든지 다양한
궤도를 가질 수 있어야 합니다. 마치 지구와 화성 사이에도 얼마든
지 새로운 행성이 위치할 수 있는 것처럼 말이죠. 그런데 전자는 항

상 특정한 몇 가지 궤도만을 선호하는 경향이 있습니다.

혹시, 화학에서 나오는 K-껍질, L-껍질 등을 말하는 건가요?

바로 그겁니다. 뿐만 아니라 전자가 특정 궤도에 오래 머무는 것도 불가능해야 합니다.

그건 왜죠?

전자가 원자핵 주위를 빙글빙글 돌며 원운동을 하고 있다면, 이는 전자의 상하 진동과 좌우 진동이 공존하는 상태라고 할 수 있습니다. 전자가 진동하면 어떤 일이 일어난다고 했지요?

전자기파가 발생한다…?

맞아요. 전자기파를 방출한다는 것은 에너지를 방출한다는 의미니까요. 그만큼 전자는 진동하는 데 힘이 들고 전자의 속력이 점점 느려집니다. 결국 전자의 회전 반경이 줄어들고 결국에는 원자핵과 충돌하게 되는 거죠.

실제로 그런 일이 발생하나요?

아니죠. 만일 그렇다면 모든 원자들은 이미 붕괴해버렸을 테고, 원자로 이루어진 이 탁자나 제 몸도 이렇게 멀쩡할 수 없겠죠. 실제로 대부분의 원자는 대단히 안정해서 수백, 수천 년이 지나도 변함이 없습니다. 결국, 이 질문은 해결되지 않은 상태로 남게 되었습니다. 뉴턴의 고전역학은 전자에 관해서, 크기가 아주 작다는 점만 제외하면 구슬이나 공처럼 움직일 것이라고 상상했죠. 그런 상상에 문제가 있음을 밝혀낸 것이 양자역학입니다.

그럼 양자역학에서는 전자를 무엇으로 보는데요?

음…. 뭐라고 표현하긴 어렵지만, 크기가 늘었다 줄었다 하는 젤리나 뿌옇게 퍼져 있는 구름 상태라고 할 수 있습니다.

뭐라고요? 물리학자들도 아주 재미있네요.

더 이상한 것도 있습니다. 다음 그림을 보세요. 몸이 잠시 둘로 쪼개져야만 가능한 일이 양자역학에서는 가능하다고 말하거든요.

에이, 설마요.

믿을 수 있는지 없는지는 두고 보죠.

양자 스키

풀리지 않은 미스터리: 원자 내의 전자는 왜 특정 궤도만을 선호하며, 쉽게 붕괴되지 않고 안정한가?

2
빛의 두 얼굴

종이에 좁은 띠 모양으로 구멍을 뚫고 거기에 전등을 비춰보면 구멍 모양 그대로 빛이 투과합니다. 왜 그럴까요?

당연한 것 아닌가요? 빛은 직진하니까요.

빛은 무엇으로 이루어져 있길래 직진하는 걸까요? 사실 만져보면 아무것도 느껴지지 않는데 말이죠.

빛은… 아, 맞아요! 전자기파라고 하지 않았나요? 물론 전자기파가 뭔지는 여전히 아리송하지만.

빛이 전자기파라는 걸 몰랐던 옛날에는 빛의 성질에 관한 논쟁으

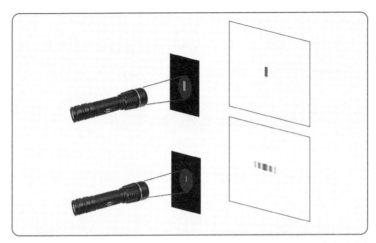

빛이 좁은 틈을 통과할 때, 틈이 머리카락보다 작아지면 오히려 옆으로 더 넓게 퍼진다 (일반 전등에서 나오는 빛은 이미 다양한 각을 가지고 출발하기 때문에, 이 실험은 일반 전등이 아닌 레이저를 사용해야 그 결과를 제대로 볼 수 있다).

로 뜨거웠습니다. 물체와 똑같은 형태의 그림자가 생기는 걸 보고는 전등에서 아주 작은 빛 알갱이들이 총알처럼 쏟아지기 때문이라고 설명했죠. 당시 명성이 자자했던 뉴턴이 빛이 수많은 알갱이로 이루어져 있다고 말했던 터라 모두가 그걸 받아들였습니다. 그런데 빛이 통과하는 틈이 점점 더 가늘어지면 어떤 일이 일어날까요?

투과한 빛도 점점 가늘어지는 게 아닐까요?

어느 정도까지는 그렇죠. 하지만 틈이 머리카락보다 가는 수준이되면 새로운 현상이 일어납니다. 빛줄기가 가늘어지는 대신, 좌우로 퍼지는 현상이 일어나거든요.

앗, 정말이네요! 틈은 가로가 좁고 세로가 긴데, 빠져나오는 빛은 오히려 가로가 훨씬 넓어요. 왜 빛이 직진하지 않고 이렇게 휘는 거죠? 왜 하필이면 머리카락 굵기가 기준인가요?

이런 현상은 틈의 폭이 대략 파장의 10배 정도가 되었을 때부터 두드러지게 나타납니다. 빛의 파장이 약 1마이크로미터인데, 머리카락이 50마이크로미터 정도 되거든요. 바다의 파도가 방파제에 나 있는 좁은 틈을 통과할 때도 비슷한 일이 발생합니다. 틈이 좁을수록 파도가 더 넓게 퍼지죠.

빛은 몰라도 파도가 퍼지는 건 왠지 자연스러워 보여요.

방파제에 틈이 한 개가 아니라 두 개라면 새로운 현상이 나타납니다. 각각의 틈에서 나온 파도가 겹치면서 파도가 더 세지기도 하고, 약해지기도 하는데요, **A위치에서는 한 파도가 위로 솟을 때 다른 파도도 위로 솟아 더 강해지지만(보강간섭), B위치에서는 엇박자가 나서 한 파도가 솟을 때 다른 파도가 꺼지는 바람에 파도의 효과가 상쇄되고, 물은 계속 잔잔한 상태를 유지(상쇄간섭)**합니다. 이를 파동의 **'간섭현상'**이라고 부릅니다.

아하, 위치만 잘 잡으면 두 개의 파도 사이에서도 조용히 살아남을 수 있는 거네요.

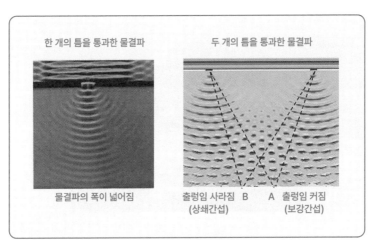

파동이 좁은 틈을 통과할 때 나타나는 현상

그렇죠. 요새 이어폰에 적용된 '노이즈 캔슬링'도 이 원리를 이용한 것입니다. 바깥에서 오는 잡음과 똑같은 소리를 추가로 만들어내되, 솟음과 꺼짐을 엇갈리게 만들어 두 음을 상쇄시키는 겁니다. 빛의 경우도 비슷합니다. 두 개의 가느다란 틈이 가까이 있으면, 아까 길게 퍼졌던 빛 한 덩어리가 더 잘게 쪼개지고, 군데군데 빛이 도달하지 않는 영역이 생깁니다. 이는 **빛도 역시 파동**이라는 사실을 보여주는 중요한 실험이었습니다. 파도가 물이 출렁이면서 생기는 파동이라면, 빛도 무언가(그게 무엇인지 당시에는 몰랐지만) 출렁이면서 지나가는 파동처럼 보였죠.

빛이 파동의 일종이라고 하자, 빛이 총알처럼 날아가는 작은 알갱이라고 믿었던 많은 과학자들이 반발했습니다. 그 가운데 시메옹 푸아송(Simeón Poisson)이라는 과학자는 이렇게 말했죠.

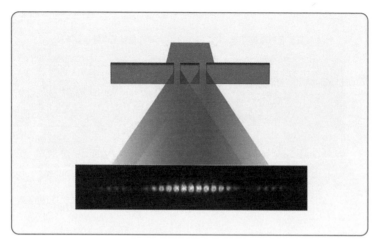

두 개의 가느다란 구멍을 통과한 빛

"빛이 정말 파동이라면, 동그란 원판 뒤에 맺히는 그림자의 중앙이 밝게 빛나야 할 텐데, 실제로 그럴 리가 있겠는가?"

그림자의 중앙이 가장 어두운 게 상식 아닌가요? 왜 파동이라면 그림자 가운데가 빛나야 한다는 거죠?

원의 특성상, 원판의 모든 가장자리로부터 그림자 가운데까지의 거리가 모두 같기 때문입니다. 같은 거리만큼 진행한 파동들이 만나므로 완벽하게 동일한 박자로 동시에 흔들리고(보강간섭), 따라서 빛이 세져야 한다는 것입니다.

이 말을 들은 프랑수아 아라고(François Arago)라는 과학자가 정밀하게 만든 원판을 가지고 실제 실험을 해보았습니다. 그리고는

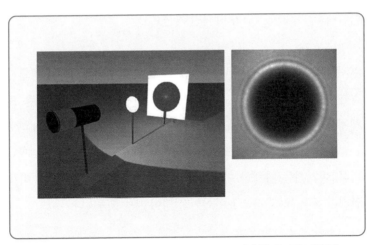

아라고의 원판 그림자 실험. 푸아송의 말대로 정말 가운데에 빛나는 점이 보였다.

푸아송을 찾아갑니다.

- 푸아송, 내가 자네 말을 듣고 원판 그림자가 어떻게 생기는지 실험을 해
  보았네.
- 그 당연한 걸 굳이 실험까지 하고 그러나.
- 그런데 자네 말처럼 진짜 가운데 밝은 점이 보이는 게 아닌가!
- 뭐라고? 그럴 리가!

푸아송은 당황했죠, 파동설을 무너뜨리려고 했던 자신의 아이디어
가 도리어 파동설을 견고하게 만들어버렸으니까요. 어쨌든 이로 인
해 빛이 파동이라는 견해가 확산됩니다.

이렇게 해서 빛의 정체가 밝혀진 거군요.

여기서 끝난 게 아니었습니다. 빛을 파동으로 해석해서는 설명되지 않는 현상들도 나타났거든요. 그 대표적인 실험이 바로 뜨거운 물체에서 나오는 빛의 파장을 조사했던 '흑체복사'(검은 물체에서 나오는 빛)와 빛을 금속판에 쏘았을 때 전자가 튀어나오는 '광전효과'입니다. 여기서는 자세한 이야기를 생략하겠지만, 이들 현상은 빛을 알갱이 혹은 '입자'라고 보아야만 설명이 가능했습니다.

난리가 났군요. 파동이라고 했다가, 입자라고 했다가 말이죠.

지금은 빛이 입자이면서 동시에 파동의 특성을 갖는 것으로 정리됐습니다.

죄송한데요, 전 파동이니 입자니 하는 이야기가 얼른 와닿지가 않아요. 빛이 파동이든 입자든 무슨 상관인가 싶기도 하고. 너무 무식한 질문인가요?

천만에요, 당연한 질문입니다. 보충 설명을 해보죠. 이중 틈에 빛을 쏘는 실험을 다시 해볼게요. 이번엔 스크린 위치에 일종의 사진 필름을 놓아둡니다. 빛이 도달하면 거기에 자국이 남을 거예요. 센 빛을 보내면 아까 말한 것처럼 여러 개의 줄무늬가 나타납니다. 이제 보내는 빛을 점점 더 약하게 한다고 생각해보세요. 어떤 일이 일

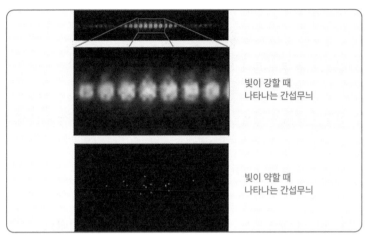

빛이 강할 때
나타나는 간섭무늬

빛이 약할 때
나타나는 간섭무늬

빛이 극도로 약할 땐 필름에 점들이 한 개씩 나타난다.

어날까요?

필름에 새겨지는 자국이 희미해지는 것 아닐까요?

맞아요. 그럼 빛의 세기를 1,000억 분의 1로 줄이고, 단 0.0001초만 그 빛을 켰다고 생각해보세요.

그만큼 필름에 남는 잔상이 약하겠죠, 뭐.

그럴 수가 없습니다. 필름에 화학적 변화가 일어나려면 적어도 어느 정도 이상의 에너지가 필요하거든요. 빛이 너무 약하면, 필름 중 특정 위치에서만 화학적 변화가 나타납니다. 즉, 점이 단 한 개만 찍히는 것이죠.

여러 개의 줄무늬 중에 어느 곳에서 찍히나요?

그건 시시때때로 다릅니다. 이번에는 여기 찍히고, 다음 순간에는 저기 찍힙니다. 현대 과학기술로는 이번에 어느 지점에 나타날지, 왜 하필 그 지점에 나타나는지 모릅니다.

마치 어디선가 모래알이 날아와 박히는 것 같은 느낌이네요.

그래요. 이것이 바로 빛의 입자적 특성입니다. 빛이 파동처럼 퍼진 다고 생각했는데, **막상 그 빛을 관찰하려고 보면 한 점에 있는 것처럼 보인다**는 말이죠.

그런데 빛이 강할 때는 파동처럼 움직이고 약하면 입자처럼 보인다는 게 이상해요.

사실은 빛이 강할 때도 마찬가지입니다. 수천, 수만 개의 빛 알갱이가 날아와 박히니까 굵은 띠처럼 보일 뿐이죠.

아, 대체 무슨 말인지 모르겠어요.

다시 정리해볼게요. 빛 알갱이 한 개가 출발합니다. 이 알갱이 하나가 파동처럼 퍼져나갑니다. 퍼진 파동이 두 개의 틈을 통과해서 다시 겹쳐집니다. 겹쳐진 파동은 위치마다 흔들림의 타이밍이 다르고, 그에 따라 세기가 다른(타이밍이 잘 맞으면 세지고, 타이밍이 어긋나면 약해지는) 특별한 간섭무늬를 나타냅니다. 하지만 이 간섭된 파동이 필름에 닿은 순간, 어느 한 점으로 쪼그라듭니다(붕괴). 즉, 빛이라는 존재는 '확산→겹침→붕괴'의 과정을 거칩니다.

필름에 닿은 순간 어차피 한 점으로 보이는데, 중간에 파동이 되어 겹쳐지느니 간섭하느니 그런 상상을 굳이 할 필요가 있나요?

겹침과 간섭을 고려하는 것이 중요한 이유는 빛이 최종적으로 어디서 발견될 것인지 그 확률을 알려주기 때문입니다. 간섭을 고려하지 않으면 왜 빛이 특정 지점에서는 잘 발견되고, 그 사이에는 도달하지 않는지 설명할 수 없습니다.

아, 파동의 확산과 간섭을 통해 빛이 최종적으로 나타날 위치를 알아내는군요. 확실하지는 않지만 확률적으로.

네. 그걸 이해하면 양자역학의 중요한 핵심에 도달한 것입니다. 강한 빛(수많은 빛 알갱이)을 보내더라도 각 알갱이는 자신의 확률에 따라 한 점에 도달할 뿐이고, 그런 알갱이가 수천억 개 쌓이다보면, 우리가 저런 줄무늬를 보게 되는 거죠.

3
전자의 두 얼굴

물리학자 루이 드 브로이(Louis de Broglie)의 머릿속에 문득 이런 생각이 떠올랐습니다.

> 파동인 줄 알았던 빛이 입자의 성질도 갖는다면, 입자라고 여겨왔던 전자도 혹시 파동의 성질을 가지는 게 아닐까?

전자가 파동이라니, 그걸 확인할 수 있는 방법이 있나요?

빛이 파동이라는 것을 확인하기 위해 두 개의 좁은 틈을 사용한 것처럼, 똑같은 장치에 빛 대신 전자를 쏘아보면 됩니다. 어떤 결과가 나올 것 같나요?

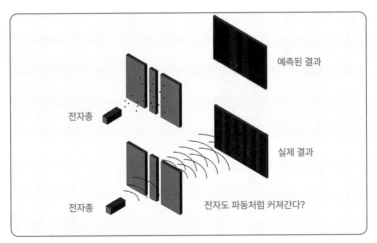

이중 슬릿 실험에 대한 예측과 실제 실험 결과

왼쪽 틈이나 오른쪽 틈 중 하나를 통과한 후 필름에 도착할 테니
두 개의 줄무늬가 나타나겠죠.

그렇죠? 위 그림이 그런 상상을 나타냅니다. 이것이 우리에겐 상식
적이고, 고전역학이 예측하는 방식이죠. 매번 전자가 완벽히 동일
한 조건을 가지고 출발한다면 전자는 항상 같은 궤적을 지나게 되
지만, 실제적으로는 전자의 출발 상황이 미세하게 달라질 수 있고,
그로 인해 왼쪽 영역이나 오른쪽 영역에 도착한다는 거죠.

실제로는 그렇지 않았나요?

실험 결과 두 개보다 많은 여러 개의 줄무늬가 나타났습니다.

앗, 빛을 쏘았을 때와 비슷하네요.

그렇습니다. 그 말은 전자도 빛과 비슷한 방식으로 움직인다는 거죠. 즉, 전자도 빛처럼 자신만의 파장을 갖고 있으며, 확산→겹침→붕괴의 과정을 거친다는 것입니다.

빛이 확산된다는 것은 상상이 되지만, 전자 같은 알갱이가 어떻게 퍼진다는 거죠?

그게 납득하기 어려운 점이죠. 우리 관점에서 전자는 분명 점과 같은 존재니까요. 하지만 전자 역시 파동처럼 퍼질 수 있다는 것을 받아들여야 합니다.

전자가 퍼져서 큼지막해진 모습을 찍은 사진 같은 게 있을까요? 그런 걸 보여주면 믿을 텐데요.

그건 불가능합니다. 빛의 경우처럼 전자 역시 우리가 측정기구를 가지고 관찰하려는 순간 특정한 위치에서 점으로 나타나니까요.

거참 묘하네요. 파동처럼 꾸물꾸물 움직이다가 누군가 보려고 하면 금세 알갱이처럼 변신한다는 게 마치 유령 같잖아요.

제게도 기이하게 느껴져요. 하지만 전자가 이렇게 유령처럼 움직인

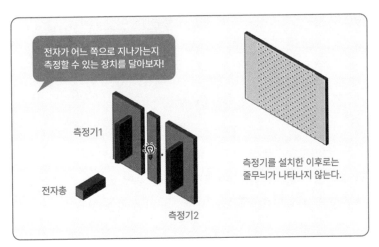

전자의 경로를 확인하는 실험

다고 실험 결과가 말해주니 어쩔 수 없네요.

아무리 그래도 전자의 몸뚱이가 퍼져서 저 두 개의 틈을 동시에 통과한다는 건 거짓말 같아요.

당시에도 그걸 끝까지 받아들일 수 없었던 과학자들이 한 가지 제안을 했습니다. 두 개의 틈에 특별한 측정기를 설치해서 어느 틈을 지나는지 바로 확인해보자는 것이었죠. 그랬더니, 전자는 두 개의 틈 중 하나만 지나는 것으로 판명났습니다.

그것 보세요. 전자가 퍼진다는 건 거짓말이잖아요.

중요한 것은 그 측정기를 설치한 후로는 더 이상 특이한 간섭무늬가 나타나지 않았다는 것입니다.

왜요? 전자의 기분이 상하기라도 했을까요?

전자가 어디로 가는지 관찰하려고 하면 빛을 쏘아야 하는데, 빛이 전자에 부딪히는 순간, 전자에게 충격을 주어서 원래 가려고 했던 방향에 변화가 생깁니다. 그래서 줄무늬가 사라진 것입니다.

그럼 전자에게 충격을 주지 않을 만큼 아주 약한 빛을 쏘면 되잖아요.

아주 약한 빛이란 빛 알갱이 하나를 말하고, 게다가 파장이 아주 길어야 합니다. 그런데 파장이 긴 빛은 잘 휘어지기 때문에 전자의 위치를 알아내는 데 부적합합니다. 면밀한 계산 결과, 무늬를 심각하게 망가뜨리지 않으면서도 전자가 어느 틈을 지나갔는지 알아내는 것은 불가능하다는 것을 알게 되었습니다.

아, 몰래 전자의 뒤를 캐는 게 쉬운 일이 아니군요.

네, 이것이 '관찰'에 내포된 중요한 의미입니다. 우리가 **대상의 원래 성질을 건드리지 않은 채 관찰만 하는 것은 원천적으로 불가능**한 것입니다. 앞에서 살펴보았던 양자 스키 그림으로 돌아가보죠.

아, 이제 알겠어요. 나무 양쪽에 있는 나 있는 스키 자국이 전자가 지나가는 방식과 비슷하네요.

맞아요. 흰옷을 입은 사람이 중얼거립니다.
"어떻게 저런 일이 있을 수 있지? 좋아 이번엔 저 친구가 어떻게 저렇게 지나가는지 그 순간을 똑똑히 지켜볼거야. 그래, 사진이라도 찍어두자."

재미있겠네요. 어떤 사진이 찍힐까요?

저 장면을 처음부터 지켜보고 있으면 검은 선수는 더 이상 묘기를 부리지 않고 왼쪽이나 오른쪽 중 한쪽으로만 지나갑니다.

아, 맞아요. 전자도 그랬죠.

물론 실제 사람은 파동의 성질이 너무 약하기 때문에 이런 일이 불가능하지만, 전자를 의인화하면 그렇다는 뜻입니다.

전자가 파동처럼 움직인다면, 전자의 파장은 얼마나 되나요?

아, 그 부분을 빠뜨렸군요. 전자를 포함한 모든 물체는 자신만의 파장을 갖고 있는데, 그것은 물체의 질량과 속도에 의해 결정됩니다.

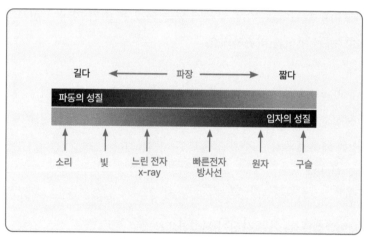

물체의 파장이 길수록 파동이 성질이, 파장이 짧을수록 입자의 성질이 강하게 나타난다.

v의 속도로 움직이는 질량 m의 물체가 갖는 파장:

$$\lambda = \frac{h}{mv} \ (h = 6.6 \times 10^{-34}, \text{플랑크 상수})$$

똑같은 전자로 실험을 하더라도 전자를 빨리 쏘느냐 느리게 쏘느냐에 따라 파장이 달라지고, 따라서 간섭무늬도 달라집니다.

그럼 전자 외에 이런 돌멩이도 파장을 갖고 있다는 말인가요? 돌멩이도 파동의 특성을 갖는다면 저 두 개의 틈을 향해 던졌을 때 특정 위치에만 도달할까요?

네. 원론적으로 돌멩이를 포함한 모든 물체가 파동의 특성을 갖습니다. 그러나 저 식에서 상수 h가 워낙 작은 값이기 때문에 돌멩이의 질량 0.01kg과 속도 1m/s를 대입하면 그 파장이 원자의 크기보다도 더 작은 값이 나옵니다. 그럼 저 두 개의 틈 실험이 불가능해지는데요, 그 이유는 ① 파장이 아주 짧은 물체는 퍼지는 효과가 매우 미미합니다. 그래서 돌멩이나 모래알로는 빛이나 전자처럼 퍼지는 효과를 보는 것이 거의 불가능합니다. ② 간섭 효과를 볼 수 있으려면 틈의 간격이 물체의 파장 수준으로 작아져야 합니다. 물결파에서 간섭 효과를 보기 쉬웠던 이유는 물결파의 파장이 수cm에서 수십cm로 상당히 길기 때문입니다. 반면 빛의 파장은 약 1μm라서 머리카락보다 가느다란 틈이 필요했던 거구요. 돌멩이의 경우에는 원자보다 좁은 간격을 만들고 거기에 돌멩이를 통과시켜야 하니 불가능한 것입니다.

이렇게 대부분의 물체들은 그 큰 질량 때문에 파장이 너무 짧아서 파동의 특징, 즉 확산이나 간섭 현상을 보는 것이 불가능합니다. 그래서 그냥 우리에게 익숙한 대로 입자처럼 취급해도 됩니다.

전자는 그나마 질량이 작아서 파동의 효과를 볼 수 있는 거로군요.

반대의 극단으로 가서, 우리가 파동으로 알고 있는 빛이나 소리, 전자파의 경우라도 그 파장이 점점 짧아지면 입자의 특성이 나타납니다. 우라늄에서 나오는 방사선은 전자파지만 워낙 파장이 짧기 때문에 '1초에 10개의 방사선이 방출되었다'라고 말할 수 있는 것이죠.

방사선은 그렇다 쳐도, 소리가 입자의 특성을 가질 수 있다는 게 무슨 뜻일까요?

"방금 희미한 소리를 들은 것 같아"라고 말하는 대신 "방금 내 귀에 소리 입자가 겨우 백만 개 들어왔어"라고 말할 수 있다는 거죠.

흠…. 어색하군요.

4
모호한 세상

두 개의 틈에 전자를 쏘는 것 외에도 양자역학적 효과가 나타나는 경우가 또 있을까요?

물론이죠. 작은 상자 안에 들어 있는 공을 생각해봅시다. 고전역학에서는 공의 처음 출발 위치와 속도를 알고 있으면, 뉴턴의 운동방정식인 F=ma를 적용해서 그다음 순간의 운동을 완벽하게 예측할 수 있습니다.

또 머리 아픈 수학이군요. 어떤 결과가 나오는데요?

우리에게 익숙한 대로, 일정한 속도로 계속 움직이다가 벽을 만나면 반발력에 의해 속도의 방향이 반대가 된다는 것입니다. 따라서

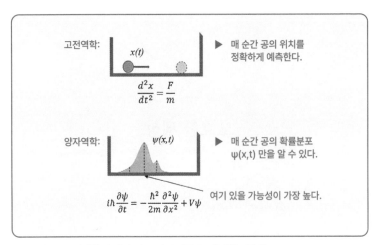

'5초 후에는 벽에서 7㎝ 떨어진 곳에서 30㎝/s의 속력으로 왼쪽으로 움직이고 있을 거야'라고 예측이 가능합니다. 5초 후에 확인해 보면 정말 공이 거기 있습니다.

좋아요. 양자역학을 사용하면요?

일단 양자역학에서는 물체가 존재하는 위치가 퍼질 수 있다고 보기 때문에 '지금 물체가 어디에 있어?'라고 말할 때 특정한 위치를 지정할 수 없습니다. 대신 '확률분포'라는 것으로 나타내죠.

저 낙타 등처럼 생긴 것 말인가요?

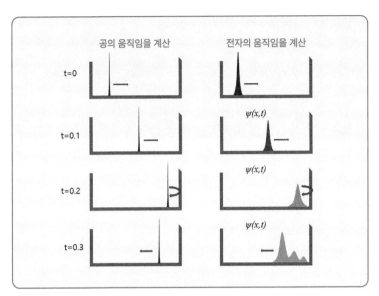

양자역학 확률분포로 계산한 공과 전자의 움직임

네. 그래프의 각 높이는 물체가 그 지점에 있을 가능성(확률)을 나타냅니다. 뉴턴의 운동방정식 대신 슈뢰딩거의 파동방정식을 사용하면 매 순간 확률분포가 어떻게 변하는지 알 수 있죠.

얼른 계산 결과를 보여주세요.

일단 공처럼 질량이 매우 큰 물체는 확률분포가 아주 뾰족한 바늘 모양을 갖습니다. 공의 위치가 아주 명확하다는 뜻이죠. 그리고 계산 결과, 이 확률분포가 좌우로 왔다 갔다 합니다.

그럼 고전역학의 결과와 차이가 없네요.

그렇습니다. 그러니까 공의 운동을 계산할 때는 굳이 복잡한 양자역학을 쓸 필요가 없어요. 하지만 상자 안에 있던 것이 공이 아니라 전자였다면 사정이 다릅니다. 처음 전자의 확률분포가 못 같은 모양이라고 해봅시다. 시간이 흐르면 이 분포가 계속 넓어지기 시작합니다.

확산! 전자가 퍼진다는 거군요.

그래요. 이 분포가 벽에 반사하고 나면 더 복잡한 형태로 변화합니다. 시간이 흐를수록 이 분포는 더 넓어지고, 더 쭈글쭈글해져서 복잡해집니다. 따라서 5초 후의 전자 위치에 관해서는 이런 식으로만 말할 수 있죠. "벽에서 4~5㎝ 거리에 있을 확률이 46%야."

5초 후에 실제로 전자의 위치를 확인해보면요?

실험을 할 때마다 이번엔 여기서 나타났다가, 다음엔 저기서 나타났다가 합니다.

어차피 매번 결과가 달라지는데, 애써 계산하는 게 무슨 소용이 있나요?

한 번에 결과를 정확히 예측하기는 어렵지만, 수만 번 실험을 반복해보면 진짜로 저 확률분포대로 나오는 걸 알 수 있어요. 그리고 앞으로 보겠지만 매우 쓸모가 많답니다.

그런데 저렇게 확률분포가 출렁대는 게 아무래도 전자가 처음부터 약간 퍼져 있는 상태로 출발해서 그런 게 아닐까요? 공처럼 아주 뾰족한 분포에서 시작하면 안 되나요?

그게 어려운 이유가 있습니다. 물체의 위치를 측정하는 가장 좋은 방법이 빛을 쏘아보는 것인데 정확하게 측정하고 싶다면, 아주 짧은 파장의 빛을 사용해야 합니다. 빛의 파장이 짧다는 것은 빛의 에너지가 크다는 것이고 전자가 그만큼 큰 충격을 받습니다.

충격을 받으면 전자에 문제가 생기나요?

당장의 위치는 정확하게 확인할 수는 있겠지만, 그다음 순간 전자의 확률분포는 더 빠른 속도로 넓어집니다. 빛으로부터 받은 충격에 의해 다음 순간 어디로 튈지 모르니까요.

아, 복잡하군요.

이를 정리한 것이 **'불확정성의 원리'**인데요. **어떤 물체의 위치를 정확히 측정할수록 그 물체의 운동량(또는 속도)은 더욱 불분명해진**

다는 것입니다. 반대로, 전자의 초기 위치가 불분명할수록(확률분포가 넓을수록) 퍼지는 정도를 오히려 느리게 만듭니다.

아이들의 심리와 비슷하네요. 사춘기에 지나치게 제약을 가하면 당장은 책상에 붙어 있게 할 수 있지만 내적인 요동이 심해져서 나중에는 어디로 튈지 모르잖아요.

딱 들어맞는 비유네요. 전자도 청소년들처럼 적당히 여유 공간을 주어야 내적으로 어느 정도 평온한 상태를 유지할 수 있겠습니다.

공의 경우에는 처음부터 위치도 명확하고 퍼지지도 않았잖아요.

공은 질량이 커서 그런 거죠. 말하자면 사춘기를 훌쩍 지난 어른인 거예요. 전자는 나이가(질량이) 적어서 저런 효과가 두드러지는 겁니다.

어쨌든 공과 전자는 움직임이 크게 다르다는 것을 알겠어요.

한 가지 또 재미있는 사실이 있어요. 일반적으로 상자 안에 들어 있는 공은 상자를 탈출하지 못합니다. 탈출하는 경우는 공의 속도가 충분히 빨라서 상자 벽을 넘어가는 경우뿐이죠. 달리 말해, 공의 에너지가 벽의 높이보다 커야만 탈출이 가능합니다.

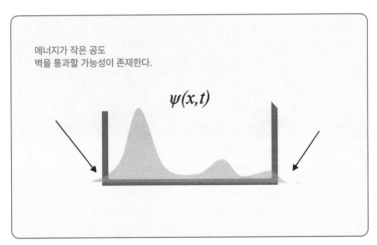

에너지가 작은 공도
벽을 통과할 가능성이 존재한다.

$\psi(x,t)$

양자역학에는 공이 벽을 뚫고 나오는 일도 발생한다.

그렇겠죠.

하지만, 양자역학에 따르면, 공의 에너지가 훨씬 작아도 상자를 탈출할 수 있는 가능성이 존재합니다. 공의 확률분포를 계산하면 상자 바깥에서도 확률이 0이 되지 않고 작으나마 값을 갖거든요.

공이 벽을 뚫고 나온다는 게 말이 안 되잖아요. 그건 계산 실수나 오차가 아닐까요?

물론 계산해보면 그 확률이 너무 작기 때문에 불가능에 가깝다고 말할 수 있습니다. 하지만 전자나 원자의 경우에는 그 값을 무시하지 못합니다. 예를 들어, 우라늄의 원자핵은 그 결합력이 충분히 강

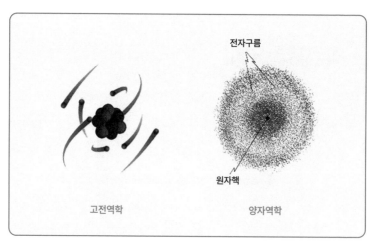

전자구름

원자핵

고전역학   양자역학

원자에 대한 고전역학과 양자역학의 관점

해서 주위에서 큰 충격을 주지 않는 한 결코 쪼개지지 않아야 합니다. 하지만 실제로는 가만 내버려두어도 갑자기 붕괴할 확률이 존재하는데, 이는 양자역학이 예측하는 확률과 정확히 같습니다. 손뼉도 아주 세게 치면, 오른손이 왼손을 통과해버릴 확률이 0은 아니란 말입니다.

처음에 말씀하길 원자 안에서 전자가 어떻게 붕괴하지 않고 존재하는지는 고전역학적으로 미스터리라고 했는데, 양자역학으로는 설명할 수 있나요?

이젠 그 이야기를 할 수 있겠네요. 파동방정식을 이용해서 전자가 원자 주위에 머무는 상태를 계산해보았더니, 다음과 같은 확률분포가 나왔습니다.

이번은 그래프가 아니라 솜사탕처럼 생겼는데요?

3차원적 분포를 나타내려니까 어쩔 수 없이 농도로 표시합니다. 농도가 진한 곳이 전자가 발견될 확률이 높은 곳입니다.

음…. 모양은 커다란 솜사탕이지만 결국 한 개의 전자라는 거죠?

네, 한 귀퉁이만 뜯어먹으려고 입을 갖다 대면 특정 위치에서 설탕 알갱이 하나로 축소되는 그런 이상한 솜사탕이죠. 그리고 원래 전자의 분포란 시간이 흐름에 따라 계속 변화하는 게 일반적이지만 위의 분포는 시간이 흘러도 변하지 않는다는 게 특징입니다. 즉 전자기파를 방출하지 않고 안정적으로 존재할 수 있다는 뜻입니다. 전자를 여러 개 가진 원자 내에서는 각 전자가 서로 다른 분포를 갖고 존재합니다. 그걸 계산한 것이 다음 페이지의 그림입니다.

와, 마치 눈송이를 보는 것 같아요. '자세히 보아야 예쁘다'란 말이 전자에도 해당될 줄이야. 그런데 어차피 전자의 형태는 어떤 현미경으로도 관찰할 수 없다고 했잖아요. 이게 맞는지 확인할 수 있을까요?

각각의 모양마다 전자가 갖는 에너지는 모두 다르고, (1권의 전자기

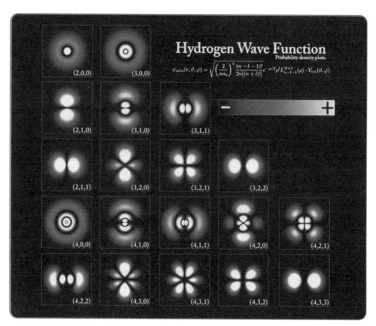

전자의 여러 가지 궤도에 대한 확률분포

파 이야기에서 언급한 것처럼) 그 에너지 차이는 원자에서 방출되는 빛으로 측정 가능합니다. 예를 들어 뜨겁게 달군 소금에서 나오는 빛의 특성을 조사해보면 위의 양자역학 계산이 맞는지 확인할 수 있습니다.

그게 잘 들어맞았나요?

네. 기가 막히게요. 뿐만 아니라 물 분자가 왜 104.5도라는 각도를 가지는지, 왜 탄소가 사슬 구조로 잘 연결되는지 등 원자 사이의 화

익숙한 것들의 마법, 물리2

학결합 방식을 대부분 이것으로 설명할 수 있게 되었죠.

그래도 이 모든 건 전자나 원자 세계에서 일어나는 일일뿐이잖아요. 일상에서 그걸 느낄 수 없으니 양자역학이 확 와닿지는 않네요.

그럼, 전자는 잠시 접어두고 유명한 고양이 이야기를 해볼까요?

5
살아 있으며 죽어 있는 고양이

슈뢰딩거라는 물리학자가 있습니다. 아까 앞에서 보여준 파동방정식을 만든 사람이죠. 그가 꺼낸 '슈뢰딩거의 고양이 실험' 이야기를 해보기로 해요.

귀여운 고양이로 무슨 실험을 했나요?

실제 실험을 한 것은 아니고, 이런 상상을 해보자고 제안한 것입니다. 상자 안에 방사선 원소와 몇 가지 장치, 그리고 고양이를 넣어둡니다. 방사선 원소가 특정 시간 후에 붕괴할지, 안 할지는 확률에 달렸다고 했죠? 따라서 양자역학적으로 1분 후에는 방사선 원소가 **붕괴한 상태와 멀쩡한 상태가 '공존'**합니다.

익숙한 것들의 마법, 물리2

슈뢰딩거가 제안한 고양이 실험. 방사선 원소의 중첩 상태로 인해 고양이의 생사도 중첩 상태가 된다.

[출처: Wikipedia.org]

음. 그래서요?

이 원소가 붕괴되면서 방사선이 방출되면 검출기가 바로 알아차리고, 독가스를 방출합니다. 즉, 1분 후에는 상자 내에 **독가스가 방출된 상태와 그렇지 않은 상태의 중첩**이 되겠죠?

네.

만일 상자 안에 처음부터 고양이가 같이 들어 있었다면 어떻게 될까요? 우리는 이 고양이가 독가스에 의해 **죽어 있는 상태와 멀쩡한 상태가 중첩**되어 있다고 말할 수밖에 없습니다.

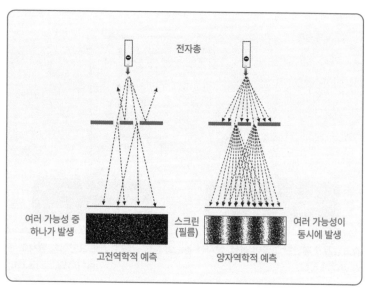

고전역학에서는 여러 가지 가능한 사건 중 '단 하나의 사건이 일어'난다. 반면 양자역학에서는 '모든 사건이 동시에 발생'한다.

왜 굳이 복잡하게 중첩이라고 표현하죠? 그냥 고양이가 살아 있을 수도 있고, 죽어 있을 수 있다고 말하면 되지 않나요?

그렇지 않아요. 두 개의 틈 실험을 떠올려보세요. 실험 결과가 전자가 왼쪽 틈과 오른쪽 틈을 모두 통과했다고 말한 것처럼, 방사선 원소도 붕괴 상태와 온전한 상태, 두 가지가 동시에 존재하고, 그에 따라 고양의 생사도 공존 상태에 있다는 겁니다. **고전역학**은 '**가능한 여러 사건 중 하나가 발생한다**'고 보지만, **양자역학**은 '**가능한 모든 사건이 동시에 발생한다**'고 말합니다.

익숙한 것들의 마법, 물리2

그럼 상자를 열어보면 반쯤 죽어 있는 고양이가 들어 있나요?

상자를 열어 확인해보면 방사선 원소가 붕괴하지 않고 고양이가 살아 있거나, 방사선 원소가 붕괴해서 죽어 있거나 둘 중 하나입니다.

그것 보세요. 결국엔 고전역학에서 말하는 '둘 중 하나'와 다를 바 없잖아요.

전자도 마찬가지였죠. 어느 틈을 통과하는지 확인해보면 항상 한 곳에서만 발견되었으니까요. 문제는 확인 전입니다. 확인 전에는 두 가지가 공존하고 있었던 거죠.

전자 실험에서는 독특한 간섭무늬로 공존 상태를 증명했잖아요. 그럼 고양이에서는 뭘로 공존 상태를 증명하나요?

중요한 질문입니다. 살아 있는 고양이와 죽어 있는 고양이가 만들어내는 간섭 현상을 관찰해야 하는데, 아쉽게도 그건 쉽지 않습니다. 굳이 상상의 나래를 펼쳐보자면 이런 거죠. 상자의 아래에 살짝 구멍을 내어 고양이의 뒷발을 만져보려고 하는데 아무것도 없습니다. 살아 있는 고양이의 뒷발과 죽어 있는 고양이의 뒷발이 서로 겹쳐져서 발이 사라진 거죠.

상자를 완전히 열어보면 고양이의 발이 어떻게 보이나요?

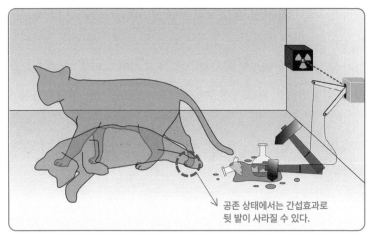

공존 상태에서는 간섭효과로
뒷 발이 사라질 수 있다.

산 고양이와 죽은 고양이가 공존한다면 그 두 존재의 겹침이 독특한 간섭 현상을 일으
킬 수 있다.

중첩이 사라지고 둘 중 하나의 상태로 돌아가기 때문에 살아 있는 고양이의 뒷발, 또는 죽어 있는 고양이의 뒷발이 보일 겁니다.

고양이로 하는 이런 실험이 정말 가능한가요?

만약 가능했다면 이미 마술쇼로 여러 번 등장했겠죠. 고양이를 전자로 비유해보자면 그렇다는 것이지, 실제로 그런 실험이 가능하지는 않습니다. 전자의 간섭무늬를 제대로 관찰하기 위해서는 광자하나도 함부로 쏘면 안 될 정도로 전자의 상태를 전혀 건드리지 않아야 했습니다. 그러나 고양이는 상자에 있는 동안 숨을 쉬며 공기를 들이마시고, 소리도 내고, 상자를 진동시키는 등 외부와 끊임없이 상호작용하고 있습니다. 그러니 실험이 제대로 될 리가 없지요.

어차피 불가능한 실험이라면 고양이 이야기는 왜 꺼낸 거죠?

양자역학에서 전자나 방사선 원소에 두 가지 가능성이 공존한다고 말하면 대부분의 사람들이 그러려니 하고 어느 정도 수긍을 합니다. 하지만 방사선 원소의 상태를 각각의 고양이의 생사에 대응을 시켜버리면, 이제는 고양이의 삶과 죽음이 공존하는 상태를 믿으라는 이야기가 됩니다.

네. 그런 고양이를 상상하기는 너무 어려워요.

슈뢰딩거가 말하고 싶은 것이 그것입니다. 그는 양자역학의 선구자 중에 한 사람이었음에도 불구하고, 전자가 왼쪽 틈과 오른쪽 틈을 동시에 통과한다거나, 서로 다른 상태의 공존(중첩) 상태라는 것이 얼마나 우리 상식을 벗어나는 것인지 보여주고 싶었던 것이죠.

슈뢰딩거 같은 위대한 학자도 양자역학을 쉽게 받아들이지 못했다는 것이 제겐 위로가 되네요.

그렇습니다. 파인만이라는 뛰어난 양자물리학자도 이렇게 말했죠. '양자역학을 이해했다고 말하는 사람은 양자역학을 아직 모르는 사람임에 틀림없다.'

좋아요. 저도 아직 이해 못 했으니까 파인만이나 슈뢰딩거와 동등한 수준인 셈이네요.

후후, 이해를 못 하는 게 핵심이 아니라 어떤 점이 이상한지 구체적으로 말할 수 있어야겠죠. 슈뢰딩거의 고양이에 재미있는 점이 또 있습니다. 상자를 열기 전에는 고양이가 삶과 죽음의 중첩 상태에 있다고 했는데, 상자를 열면 어떻게 되죠?

살아 있든지 죽어 있든지 둘 중 하나라고 하셨잖아요.

이상하지 않나요? 상자를 여는 순간 고양이의 운명이 결정된다는 사실이 말입니다.

그러고 보니 이상하긴 하네요. 일반적으로 죽은 고양이를 보면 '아까부터 죽어 있었나 보다'라고 말하잖아요. 그런데 이제는 마치 내가 상자를 열어서 고양이가 죽은 듯한 느낌이 드니까 말이예요.

그게 양자역학의 오묘한 점입니다. **관찰이 '이미 존재하는 결과를 확인하는 행위'가 아니라, '결과를 결정짓는 행위'가 된다**고 말하니까요. 마치 성적 사이트에서 기말고사 점수를 확인하려고 버튼을 누르는 순간 점수가 결정된다는 이야기와 비슷하거든요.

저도 성적을 확인할 때마다 왠지 그런 느낌이 들었는데, 진짜로 그럴 수도 있는 건가요?

물론, 점수가 결정되는 과정이 외부 세계와 완벽히 단절되어 있지 않기 때문에 이 과정이 양자역학적이라고 할 수는 없죠. 하지만 유사한 상황이긴 합니다.

어휴, 이젠 떨려서 점수 확인 버튼 누르기가 더 어렵겠어요.

중국집에 가면 모두를 고민에 빠뜨리는 짜장/짬뽕 이야기를 해보죠. 하루는 공교롭게도 친구 네 명이 모두 짜장을 선택했습니다. 한 사람이 묻습니다.
"짬뽕이 하나 정도 있으면 좋을 텐데, 정말 짬뽕은 안 시킬 거야?" "싫다니까." 이구동성으로 답하자 그가 작전을 바꿉니다. "혹시 짬짜면은 어때?" "그래, 짬짜면 좋겠다!" 친구 두 명이 짬짜면으로 마음을 바꿨습니다. 잠시 후에 짬짜면을 선택한 친구들에게 다시 한번 물어봅니다. "짬짜면 말고 짬뽕은 어떨까?" 그러자 한 명이 짬뽕으로 옮겨갑니다. 성공! 드디어 짬뽕을 주문하게 되었습니다.

뭐죠? 처음부터 짬뽕을 들이밀지 말고 짬짜면으로 우회해서 접근하라는 교훈인가요?

네. 양자역학의 중첩이 이와 비슷해요. 짜장이라는 선택안에는 짬뽕 생각이 전혀 포함되어 있지 않아요. 하지만 짬짜면이라는 선택

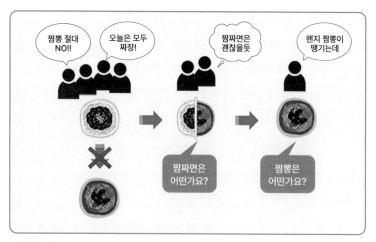

적절한 질문을 던지면 짜장 생각을 짬뽕으로 바꿀 수 있다.

에는 짜장이 일부 포함되어 있죠. 그래서 짬짜면을 제시하면 짜장의 절반 정도는 마음을 바꿀 용의가 있어요. 그런데 일단 짬짜면으로 마음을 바꾼 순간, 이제는 짬뽕도 어느 정도 용납할 준비가 된다는 것이죠.

음. 이런 심리가 양자역학과 무슨 관계가 있다는 거죠?

"짬짜면은 어때?"라는 질문이 단순히 친구들의 마음 상태를 알아보는 데 그치지 않고, 그들의 마음 상태를 변화시키는 힘까지 지녔다는 뜻입니다. 양자역학의 '측정'처럼요.
관찰이 결과를 결정한다는 것을 쉽게 보여주는 물리실험이 있으니 보여줄게요. 3D 영화관에서 나눠주는 안경에 붙어 있는 필름있죠,

그 편광판만 있으면 해볼 수 있습니다.

편광판이 뭐예요?

빛은 전기장의 진동으로 이루어져 있는데, 똑같이 정면으로 다가오는 빛이라고 해도 전기장이 위아래나 좌우, 또는 비스듬히 기울어져서 진동할 수 있습니다. 그 진동 방향을 편광 방향이라고 해요. 편광판은 자신만의 축을 갖고 있는데, 들어오는 빛의 편광이 자신의 축에 나란하면 통과시키고, 수직한 편광은 모두 흡수해버립니다. 태양이나 전등에서 나오는 일반 빛은 다양한 편광이 섞여 있어서 90도로 놓인 하나의 편광판을 통과하고 나면 세기가 약 절반으로 줄어듭니다. 두 번째 편광판의 축도 90도로 나란하다면 남은 빛이 모두 통과하겠지만, 만일 0도로 놓아두면 아무 빛도 통과하지 못합니다.

두 번째 편광판을 45도로 비스듬히 기울이면 어떻게 되나요?

두 편광판의 각도 차이만큼 빛이 흡수됩니다. 0도의 편광을 가진 빛이 45도의 편광기를 통과할 확률은 1/2이죠. 예를 들어 첫 번째 편광판을 통과한 광자가 6개였다면 대략 3개 정도가 45도의 편광판을 통과합니다.

편광판은 자신의 입맛에 맞는 녀석들만 골라내는군요.

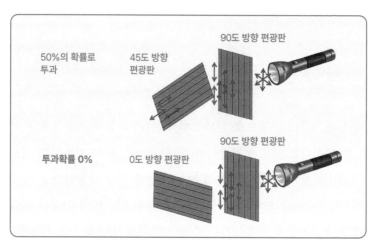

50%의 확률로 투과

45도 방향 편광판

90도 방향 편광판

투과확률 0%

0도 방향 편광판

90도 방향 편광판

편광판은 특정한 방향의 편광만 통과시킨다.

네. 이렇게 편광판은 빛의 편광이 어느 방향인지 알아내는 장치라고 할 수 있습니다. 특정한 방향으로 놓았을 때 빛이 통과하는 비율을 보면 '아, 이 편광은 원래 저 방향이었구나'라고 알게 되니까요. 실제로 빛의 편광을 분석할 때 자주 사용됩니다.

그런데 재미있는 사실은 투과된 빛이 원래의 편광 상태를 유지하는 것이 아니라, 거기에 갖다 댄 편광판에 맞춰져 버린다는 사실입니다. 처음 편광 방향이 무엇이었든 관계없이, 45도 편광판을 투과하고 나면 편광이 모두 45도로 바뀌어 있죠.

자, 우리에게 광자(빛 알갱이) 한 개만 있다고 해봅시다. 이 광자의 편광방향을 알고 싶어 0도의 편광판을 갖다대면 어떻게 될까요? 광자는 통과하거나, 흡수되거나 둘 중 하나입니다.

익숙한 것들의 마법, 물리2

통과하는 비율을 알 수 없으니 원래의 편광을 알 수 없다고요?

그렇죠. 빛이 통과하고 나면 편광상태가 0도이고, 빛이 흡수되면 편광상태가 90도라는 사실을 말할 수 있을 뿐입니다. 실제로는 그 광자의 편광이 원래 30도였다 하더라도 말입니다.

편광판 말고 다른 방법을 쓰면 되지 않을까요?

다른 방법이 없습니다. 이건 편광판의 기술적 한계 때문이 아니라, 자연이 원래 그런 속성을 갖고 있기 때문입니다. 슈뢰딩거의 고양이와 똑같은 문제지요. 실제로는 삶과 죽음이 적당히 섞여 있는 상태지만, 우리가 삶/죽음의 잣대를 들이대는 순간 고양이는 살아 있거나 죽어 있는 상태로 나타납니다. 30도의 편광을 갖는 광자도 실은 0도의 편광과 90도의 편광이 적절히 중첩된 상태입니다. 그런데 0도의 편광판을 갖다 대는 순간 하나의 상태로 귀결되어 버립니다.

알 듯 말 듯 헷갈리네요.

문제를 하나 내볼게요. 앞의 그림에서 투과확률 0%인 경우를 보면 빛이 하나도 통과하지 못하고 있습니다. 빛이 많이 통과하도록 만들고 싶다면 **두 편광판 사이**에 어떤 것을 집어넣어야 할까요?

빛의 편광을 90도 만큼 회전시켜주는 장치가 필요하겠는데요.

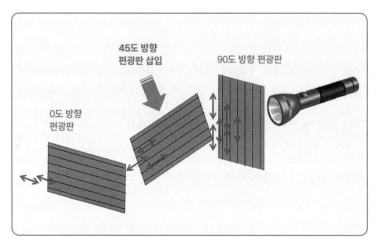

중간에 45도 편광판을 삽입하면 투과되는 빛이 생긴다.

맞아요. 하지만 만일 그런 회전 장치가 없고, 지금 내 손에는 편광판 밖에 없다면 어떻게 할까요?

편광판은 빛을 차단하는 데 유용한 도구지, 편광을 돌리는 도구는 아니잖아요. 도움이 안 될 것 같은데요.

두 편광판 사이에 45도로 기울여서 편광판을 넣어보세요. 빛이 두 차례 절반으로 줄어들겠지만 그래도 1/4은 통과하게 됩니다. 만일 여러 장의 편광판이 있다면, 1도씩 바꿔가면서 89장의 편광판을 넣어보세요. 빛이 거의 100% 통과하도록 만들 수 있어요.

오 그렇군요. 그러고니 짬짜면이라는 질문을 통해 짜장을 짬뽕으로 유도한 것과 비슷해요.

그렇죠! 질문이 단순히 의견을 조사하는 기능 외에 생각을 바꾸는 기능을 갖고 있듯이, 편광판에도 편광을 변화시키는 역할이 숨어 있습니다.

좀 무섭네요. 형사가 용의자를 취조하는 과정에서도 교묘한 질문을 연속적으로 던지면 누구든 범죄자로 몰릴 수 있다는 말 같아서요.

과거에는 측정을 하거나 지식을 얻어내는 과정이 그 대상에게서 정보를 얻어오는 것일뿐, 그 대상에는 아무런 영향을 가하지 않는다고 생각했습니다. 그러나 양자역학은 필연적으로 그 대상 역시 영향을 받을 수밖에 없다는 것을 말해줍니다.

아, 제가 전에 난생처음 인터뷰를 했던 경험이 생각나요. 편입을 하면서 겪은 경험을 이야기해달라고 했는데요. 인터뷰가 생전 처음이기도 하고, 그 내용이 대학신문에 실린다고 해서 꽤 긴장되었죠. 나중에 신문기사를 보니 내가 이런 이야기를 했나 싶기도 했고, 더 놀라운 것은 제가 그때 이야기한 계획대로 지금 살고 있다는 거예요!

멋지군요. 그 기자는 친구의 원래 모습 그대로를 인터뷰했다고 생각하겠지만 실은 그 인터뷰하는 과정 자체가 친구를 변화시킨 거죠. **기사에 실린 내용은 인터뷰 전이 아니라 인터뷰로 인해 이미 바**

뀌고 난 친구의 모습인 겁니다. 여기서도 '양자역학적 관찰'이 일어난 겁니다.

> 우리가 어떤 대상에 대해 알고자 한다면,
> 필연적으로 그 대상의 원래 상태에 영향을 주어야 한다.
> 따라서 정보나 지식은 그 대상이 고정적으로 갖고 있는 속성이 아니라,
> 그 대상과 나의 상호관계에서 흘러나오는 것이다.

파커 파머라는 작가도 이렇게 말했습니다. "난 모든 준비를 마친 후에 책을 쓴 적은 한 번도 없다. 어떤 주제에 관해 깊이 알고 싶을 때 책을 쓰기 시작한다."

글을 쓰는 과정을 통해 지식이 만들어진다는 뜻인가요? 그럼 양자역학을 배우고 싶다면 강의만 들을 게 아니라 양자역학이라는 주제로 글을 써봐야겠네요.

훌륭한 생각입니다. 우리는 이미 내 안에 갖고 있던 것으로 외부와 소통하는 것이 아니라, 외부와 소통하는 과정을 통해 내 자신이 만들어지는 것을 경험합니다. 이걸 양자역학적 효과라고 부를 순 없지만, 여러 차원에서 공통된 진리가 작용한다고 볼 수는 있을 겁니다.

> 내가 하는 말, 내가 쓰는 글, 나를 표현하는 과정을 통해 내가 만들어진다.

양자역학이 전자나 원자 세계에만 국한된 것이 아니라, 우리의 삶을 이해하는 데도 도움을 주는군요.

양자역학은 아주 작은 세계에 일어나는 수많은 일들을 수학적으로 계산할 수 있게 해주고 또 훌륭하게 예측해내기 때문에 양자역학이 알려주는 결과의 신빙성에 대해서는 의심하기가 어렵습니다. 하지만 이런 계산이 무엇을 의미하는가, 즉 해석에 관해서는 아직도 의견이 분분합니다. 특히 아인슈타인은 양자역학의 발전에 큰 기여를 했음에도 불구하고 끝까지 양자역학을 받아들이지 않은 것으로 유명합니다.

뭐가 맘에 안 들었을까요?

우선, 전자를 측정할 때 전자가 이쪽에 있을지 저쪽에 있을지 순전히 확률로 결정된다는 걸 인정하지 않았습니다. 그럼 전자를 관찰할 때마다, 의사가 암의 여부를 진단할 때마다, 고양이의 생사 여부를 결정할 때마다 신이 주사위라도 던져서 결정하는 셈이냐고 물었죠.

'신은 주사위를 던지지 않는다'는 말이 거기서 나온 거군요. 그렇다면 고전역학에서 말한 결정론은 더 이상 성립하지 않나요?

그렇습니다. 현재 상태가 미래를 완벽하게 결정한다는 것이 결정론의 요지이죠. 그러나 양자역학에 따르면 현재에 대해 완벽한 정보를 가질 수 없을 뿐만 아니라, 혹 완벽한 정보가 있다고 하더라도 미래는 확률 또는 우연에 의해 결정되는 부분이 있으니까요.

아, 다행이예요. 전 미래가 아직 결정되어 있지 않다는 게 좋아요. 뭔가 더 큰 희망을 가질 수 있고 노력하고 싶게 만드니까요.

음, 양자역학을 그런 단순한 낙관론과 연결시킬 수는 없습니다. '우연'이라는 요소에 의해 미래가 결정된다면 우리의 노력과 희망이 더 무의미해질 수도 있으니까요. 어쨌든 고전역학이든 양자역학이든 미래의 희망에 관해서는 너무 성급하게 결론을 내리지 않는 게 좋겠습니다.

아인슈타인을 불편하게 만든 게 또 있었나요?

관측한 후에야 그 대상이 진짜로 존재하는 것으로 인정하는 양자역학의 속성이죠. 그는 "그렇다면 내가 쳐다보기 전에는 달도 있을지 없을지 모호한 상태로 놓여 있다가, 쳐다본 후에 비로소 존재하게 되는 것이냐"고 물었습니다.

듣고 보니 이상하네요. 갑자기 양자역학이 다시 의심스러워지는데요?

만일 양자역학을 통째로 거부하겠다면 스마트폰이나 인터넷, 컴퓨터도 다 부정하겠다는 말과 같습니다. 이들 첨단기기들은 모두 반도체를 이용해서 만들어지는데 반도체 안에서의 전자들의 존재와 움직임을 전부 양자역학으로 계산하거든요. 친구가 전자기기를 설계한 회사에 돈을 지불하고, 컴퓨터 계산이 틀리지 않을 것이라고 믿고, 친구에게 쓴 문자가 그대로 전달될 것이라고 믿고 전송 버튼을 누르는 것은 곧 전자가 양자역학적으로 동작할 것이라고 믿는 것과 다름없습니다.

앗, 그럼 일단 인정은 해야겠습니다. 그런데 이상해요. 양자역학은 확률적으로 동작한다고 했는데, 그렇다면 컴퓨터가 하는 일도 간혹 틀릴 수 있다는 뜻인가요?

좋은 질문이네요. 만일 전자 한 개만 가지고 그 행동을 예측하는 것이라면 확률적으로 틀리는 경우가 많겠죠. 하지만 반도체 부품들은 수많은 전자를 보낸 후 A와 B중 어느 쪽에 더 많이 도착했는지 보고 결과를 결정하는 방식을 사용합니다. 이렇게 많은 수의 전자에 대한 통계적 움직임을 예측하면 정확도가 매우 높아집니다.

알겠습니다. 처음에 물어보려다 지금까지 미뤄왔는데요, 양자역학에서 양자가 무슨 뜻인가요?

양자(量子)는 영어 'quantum'을 번역한 것인데, 이는 어떤 양이 연속적이지 않고 띄엄띄엄 존재한다는 뜻을 담고 있습니다.

뭐가 연속적이지 않은데요?

예를 들어, 이 컵에 쌀 100g이 담겨 있는데, 0.025g만큼 추가해 달라고 하면 어떨까요?

쌀 한 톨보다 적은 양을 추가하는 건 곤란하겠죠.

네. 쌀의 무게 역시 연속적인 양이 아니기 때문입니다. 굳이 쌀이 아니더라도 모든 물질은 원자나 분자로 이루어졌음이 밝혀졌으니, 원자론은 물질의 불연속성을 주장한 이론이라고 할 수 있습니다. 양자역학은 한 발 더 나아가 물체가 가질 수 있는 속도나 에너지, 궤도 값도 띄엄띄엄 존재한다고 말합니다. 가장 흔한 예가 원자 내에서 존재하는 전자가 특정 궤도, 특정 에너지, 특정 운동량만을 갖는 것이죠. 한마디로 양자론은 '띄엄띄엄 이론'인 것입니다. 쌀 한 톨이 작은 것처럼, 그 띄엄띄엄의 간격이 너무 작아서 보통은 연속적으로 보일 뿐이죠.

음, 선생님 설명을 들을 때마다 제 지식도 띄엄띄엄 성장하는 것 같아요. 그 간격이 너무 작아서 아주 미미해 보이지만 말이예요.

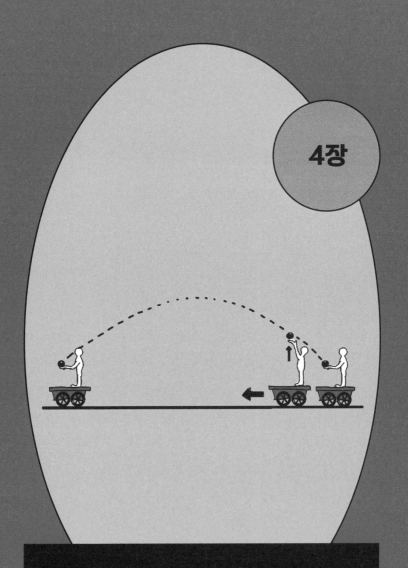

4장

시간과 공간의 마법:
상대성 이론

1
네가 보는 속도, 내가 보는 속도

오늘 버스를 타고 오다가 생긴 일이에요. 제 앞 줄에 중학생쯤 되어 보이는 학생이 앉아 있었는데, 혼자 귤을 까먹으면서 건너편에 앉아 있던 친구를 놀리는 거예요. 친구가 자기도 달라고 하니까 결국 가방에서 하나를 꺼내 던져주더군요. 순간 불안해졌어요. 버스가 한참 도로를 달리고 있었는데, 그걸 고려하지 않고 학생이 평소처럼 귤을 던지다가는 뒷자리에 계신 할머니에게 날아갈 것 같더라구요.

오, 그래서 어떻게 되었나요?

이 학생이 재주가 좋은 건지, 귤은 똑바로 날아갔고, 결국 무사히 그 친구의 입으로 들어갔죠.

익숙한 것들의 마법, 물리2

흥미롭군요. 버스 안에서는 달리는 속도를 고려해서 귤을 던지는 게 맞을까요?

당연하지요. 버스가 출발하거나 멈출 때 우리 몸이 한쪽으로 쏠리잖아요.

버스가 출발하거나 멈출 때, 즉 **가속을 하고 있을 때**는 확실히 그래요. 그럴 때는 귤도 엉뚱한 방향으로 날아가겠죠. 그런데 버스가 **일정한 속도로 달리고 있을 때**는 어떨까요?

그때도 날아가는 귤이 버스 뒤쪽으로 쏠리겠죠. 쏠리는 정도가 일정해서 익숙해졌을 뿐이죠.

후후, 지구가 자전을 한다고 주장했을 때 대부분의 사람들도 그런 반응이었답니다. 땅이 그렇게 빠른 속도로 움직인다면 우리가 어떻게 쓰러지지 않고 걸어다닐 수 있겠냐고 따졌죠.
지구에 있는 사람이 하늘을 올려다보기 전까지는 자신이 서 있는 땅이 움직인다는 사실을 전혀 눈치챌 수 없듯이, 일정한 속도로 움직이는 버스나 기차 안도 마찬가지입니다. 덜컹거리지 않고 아주 매끄럽게 달리기만 한다면 멈춰 있을 때와 다를 것이 없습니다.

정말이요? 믿기 어려운데요. 달리는 기차에서 공을 수직으로 던진다고 해봐요. 공은 올라갔다가 제자리로 떨어지겠지만, 그동안 기

지구 위의 사람은 지구가 자전한다는 사실을 느낄 수 있을까?

차는 저 앞으로 진행해버릴 테니 내 손으로 돌아올 리가 없잖아요.

좋은 예시로군요. 나는 손을 수직으로만 움직였다고 생각하지만, 기차와 함께 내 손도 앞으로 움직이고 있기 때문에 공을 비스듬히 던진 것과 같습니다. 그래서 공은 저 앞으로 날아가 제 손 위로 떨어지는 것이죠.

기차가 일정한 속도로만 움직여준다면 그 안에서 탁구든 배드민턴이든 아무 문제없이 칠 수 있습니다. 이처럼 일정한 속도로 움직이는(물리학에서 '관성계'라고 부르는) 틀 안에 있을 때는 멈춰 있다고 믿어도 무방합니다. 달리 말하자면 그 틀이 움직이는지, 서 있는지 판단할 근거가 없다는 뜻입니다.

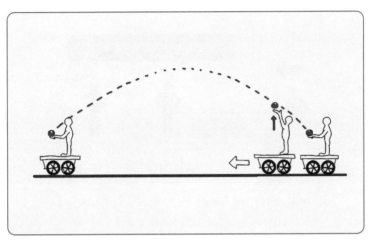

기차 안에서 던진 공

그럼 '버스가 북쪽으로 100㎞/h로 달리고 있다'는 표현도 쓰면 안 되나요?

엄밀하게 말하자면 무엇을 기준으로 한 속도인지 밝혀야 합니다. 이 경우엔 '지면을 기준으로 한' 속도라는 관습을 따른 거죠. 하지만 같은 상황을 두고 어떤 사람이 버스를 기준으로 삼아 '버스가 멈춰 있고, 지면과 바깥세상이 남쪽으로 움직이고 있다'고 주장해도 틀리지 않습니다.

말이 안 돼요. 너무 자기 중심적인 사고 아닌가요? 버스가 움직인다고 보는 것이 합리적이죠.

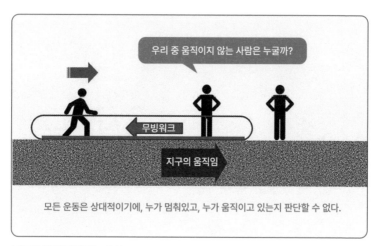

기준에 따라 달라지는 속도

그렇게 생각하는 것이 편리할 뿐이지, 진실이라고 할 수는 없습니다. 예를 들어 비행기가 지구가 자전하는 방향과 반대로 날아가고 있다면, 지구 바깥에서 볼 때는 비행기가 멈춰 있다고 보는 게 자연스럽거든요. 같은 움직임이라도 그 기준을 지구 표면으로 할 것이냐, 태양으로 할 것이냐, 우리 은하의 중심을 기준으로 삼을 것이냐에 따라 움직이는 속도와 방향이 달라집니다.

그럼 진짜 기준으로 삼을 만한 것은 무엇일까요? 전혀 움직이지 않고 있는 우주의 중심 같은 거요.

그런 것은 없다는 것이 현대 물리학의 결론입니다. 따라서 절대적인 속도라는 것은 존재하지 않고, 모든 운동은 상대적으로 인식될

투수의 움직임과 타자의 움직임에 따라 야구공의 속도가 다르게 느껴진다.

뿐이라는 것이 '상대성 원리'입니다.

앗, 상대론이 그렇게 어려운 내용은 아니네요. 대략 이해한 것 같은데요?

미안하지만 이건 갈릴레오가 발견한 **상대성 원리**이고, 아인슈타인의 **상대성 이론**은 여기서 훨씬 더 나아갑니다. 상대론을 이해하려면 속도의 상대성 개념이 매우 중요하니까 몇 가지 경우를 더 생각해보겠습니다.

어떤 투수가 시속 150㎞의 강속구를 던진다면 타자 입장에서 치기가 여간 어렵지 않겠죠. 그런데 만일 투수의 몸이 시속 100㎞로 뒤로 물러나면서 공을 던진다면 어떻게 될까요? 타자 입장에서 그

공은 시속 50㎞에 불과해보일 것입니다. 반대로 투수가 땅바닥에 있고, 타자가 뒤로 물러나면서 공을 봐도 마찬가지로 느리게 보입니다.

그렇게 느린 공이라면 누구라도 칠 수 있겠군요.

이제 운동장이 아닌 강으로 가보죠. 고무 튜브를 탄 친구가 강물에서 물장구를 치면서 작은 파도를 만들어냅니다. 땅에 있는 여러분이 보기에는 이 파도의 꼭대기가 초당 1m의 속도로 지나갑니다.

하지만 제가 걸어가면서 이 파도를 관찰한다면 더 빠르거나 느리게 보일 수 있다는 거죠?

네, 그래요. 문제는 이겁니다. 물속에 있는 친구가 여러분 쪽으로 0.3m/s로 움직이면서 물장구를 치면 어떻게 될까요?

아까 공을 던질 때와 비슷하잖아요. 다가오면서 파도를 만들면 파도가 나한테 더 빠른 속도로 오겠죠.

그렇지 않습니다. 이게 공과 파도의 다른 점인데요, 파도는 물의 출렁이는 힘으로 전달되는 것이기 때문에 **파도를 일으키는 사람의 속력과 관계없이 순전히 물의 특성이 그 속력을 결정합니다.** 다만, 나한테 다가오면서 물장구를 치면 그 파도가 촘촘하게 만들어질

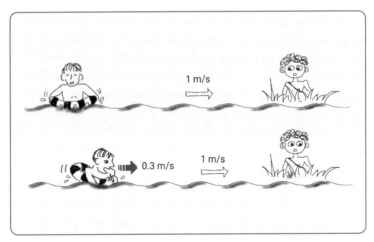

파도의 속력은 파도를 일으키는 사람의 속도와 무관하게 물의 성질에 의해 결정된다.

뿐입니다. 파장이 짧아지는 것이죠.

그럼 파도의 속력을 다르게 보려면 관찰하는 사람이 움직이는 방법밖에 없나요?

또 있습니다. 물 자체가 흐르고 있으면 됩니다. 예를 들어, 빠른 속도로 흐르는 강물에서 파도를 만들면, 원래 파도의 속력에 강물의 속도가 더해져서 그 파도가 더 빠르거나 느린 것처럼 보이게 됩니다.

공과 파도의 움직임은 달리 보아야 하는군요. 왠지 양자역학에서 알갱이냐, 파동이냐 따졌던 게 떠오르네요. 물에서 생기는 파도 말고 다른 파동도 마찬가지인가요?

네, 예를 들어 공기 중에서 소리의 속도는 340m/s라고 하는데, 그건 공기에 대한 소리의 속도를 말하는 것입니다. 만일 바람이 불어 공기가 움직이고 있다면 소리는 더 빠르거나 느리게 도달하게 되지요. 즉, 파동의 속도를 결정하는 중요한 요소는 물과 공기 같은 매질(파동이 타고 지나가는 물질)의 속도입니다. 매질의 이동 속도에 파동 자체의 속도를 더해야 하는 것이죠.

대강은 이해했습니다. 그런데 이 이야기를 왜 하시는 거예요?

이 논의를 그대로 **빛에 적용해보면** 아인슈타인의 상대성 이론이 나오기 때문입니다.

2
상대론의 탄생

고전물리학의 불완전한 부분을 대체하는 새로운 물리학을 현대물리학이라고 부르는데요. 현대물리학은 크게 두 개의 기둥 위에 서 있습니다. 하나는 양자역학, 또 다른 하나는 거의 같은 시기에 만들어진 상대성 이론입니다. 양자역학이 당시의 걸출한 물리학자들이 함께 머리를 싸매고 만들어낸 이론인데 반해서, 상대성 이론은 거의 아인슈타인 혼자서 제안하고 완성시켰다는 특징이 있습니다. 공통점도 있습니다. 양자역학의 시작과 마찬가지로, 상대성 이론도 빛의 정체를 탐구하다가 나오게 되었거든요.

빛이 또 한 건 했군요.

아까 파동의 속도를 이해하기 위해서는 그 파동이 타고 지나가는 매질의 움직임을 알고 있어야 한다고 했죠? 빛의 매질은 무엇일까요?

빛은 매질이 따로 없다고 하셨던 것 같은데요.

맞습니다, 하지만 빛이 파동이라고 굳게 믿고 있었던 당시에는 빛을 진행하게 만드는 어떤 매질이 반드시 존재할 것이라고 생각했습니다. 눈에 보이지도 만져지지도 않지만 우주의 진공이 그 가상의 매질로 가득 차 있다고 상상했죠. 그 매질에 '에테르'라는 이름까지 붙여주고 말입니다.

지금은 에테르의 정체를 알아냈나요?

조금 기다려보세요. 어쨌든 우주 공간이 에테르로 가득 차 있고, 지구가 자전과 공전을 하면서 그 안을 휩쓸고 지나가는 장면을 상상해보세요. 자전 속도와 공전 속도를 고려해보면, 지구의 입장에선 엄청난 속도의 에테르 바람이 불고 있는 셈이죠.
그렇다면 아까 흐르는 강의 파도처럼, 에테르 바람과 나란히 빛을 쏠 때와 반대 방향으로 빛을 쏠 때 빛의 속도가 달라져야 합니다. 그러나 빛이 워낙 빠르다보니 그 차이가 겨우 0.01%에 불과할 것이라고 예측했죠. 그 차이만 측정할 수 있으면 에테르의 존재가 증명될뿐더러 현재 에테르가 얼마나 빨리, 어느 방향으로 움직이는지 알 수 있을 터였습니다.

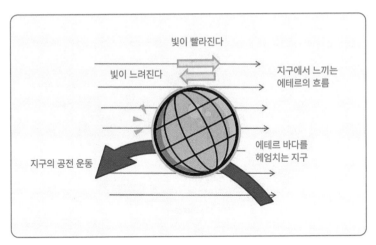

에테르가 존재한다면 빛을 쏘는 방향에 따라 속력이 달라진다.

과학자들이 서로 먼저 측정해보고 싶었겠네요.

문제는 0.01%의 속도 차이를 잴 수 있는 정밀한 장치가 없었던 것입니다. 그러다가 19세기 후반에 마이켈슨과 몰리가 빛의 간섭 현상을 이용해서 속도 차를 측정할 수 있는 장치를 고안해냅니다. 양자역학에서 빛의 파동성을 확인할 때처럼 빛을 두 갈래로 갈랐다가 다시 만나게 하면 두 길의 길이 차이에 의해 빛이 강해지기도, 약해지기도 합니다. 여기선 빛을 위와 옆 방향으로 갈랐다가 아래쪽으로 다시 합치는 방식을 사용합니다. 상하로 움직이는 빛의 속도와 좌우로 움직이는 빛의 속도가 다르면 마치 길이가 달라진 것과 같은 효과를 냅니다. 그들은 0.01%의 차이를 충분히 측정할 수 있다는 확신을 가지고 실험에 돌입했습니다.

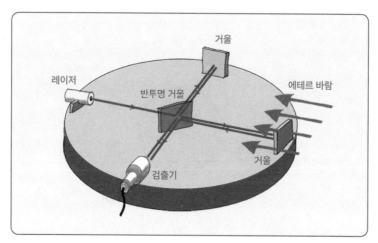

에테르에 의한 빛의 속도 차이를 측정하는 마이켈슨-몰리 간섭계

어떻게 되었나요?

안타깝게도 아무리 측정을 해도 방향에 따른 빛의 속도 차이가 측정되지 않았습니다. 실험에서 예상과 다른 결과가 나오면 보통 어떤 반응을 보일까요?

저 같으면 '우리의 실험 기구 성능이 좋지 않았다'라거나 '이런저런 이유로 오차가 커서 실험이 제대로 이루어지지 않았다'라고 정리하고 끝내죠.

맞아요. 그런데 이들은 아무리 살펴봐도 실험장치 자체에는 문제가 없다는 결론을 내렸어요. 그리고 그 결과를 발표하죠.

실험이 실패했는데 뭐라고 발표한단 말인가요?

'실험 결과, 에테르는 항상 정지해 있는 것으로 보인다. 낮밤이 바뀌면 지구 자전에 의해 에테르 바람의 방향이 바뀌어야 하는데 에테르는 늘 정지해 있다. 그건 말이 안 되므로, **에테르는 사실 존재하지 않는다**고 해야 한다'라고 말입니다.

대담하군요. 실험 하나로 에테르의 존재를 부인하다니.

아무리 생각해봐도 그 외에 다른 결론을 얻을 수 없었던 것이죠. 이때부터 학계가 발칵 뒤집혔습니다.

왜요? 그냥 에테르가 없다고 수긍하면 되지, 그게 큰 문제인가요?

심각한 문제입니다. 빛의 속도가 초속 30만㎞잖아요. 그건 **빛의 '매질 위에서의 속도'**입니다. 만일 매질이 초속 10만㎞로 달려오고 있다면, 빛은 초속 40만㎞로 보여야 합니다.

매질이 멈춰 있나 보죠. 뭐.

좋아요. 매질이 지구와 함께 멈춰 있다고 가정하고, 대신 친구가 초속 10만㎞로 달려가면서 빛을 보면 어떻게 될까요?

에테르가 존재하지 않는다면 빛의 속도를 결정하는 기준이 사라진다.

초속 40만㎞요.

틀렸어요. 그건 친구가 매질 속을 10만㎞로 헤엄치며 간다고 상상하며 말한 거잖아요. 하지만 빛은 매질이 없다고 결론 내렸으니 그 상상이 잘못된 것이죠.

그럼 얼마가 맞는데요?

얼마인지 말할 수 없다는 게 결론입니다. 빛의 매질이 어느 방향으로 얼마나 빨리 움직이는지 알아야 내가 보는 빛의 속도를 판단할 수 있는데, 매질이 없다고 하니까 오리무중이 되어버린 것이죠.

익숙한 것들의 마법, 물리2

실제로 재보면 되잖아요. 얼마가 되는지.

실제 재보면 빛의 속도는 항상 30만㎞/s입니다. 그 빛을 향해 달려가면서 보든지, 도망가면서 보든지 말입니다.

이상하네요. 초속 30만㎞ 혹은 더 빠른 속도로 도망가면 빛이 못 쫓아와야 정상 아닌가요?

그러게 말입니다. 그러나 초속 29만 9,900㎞ 속도로 도망간다고 해도 빛은 여전히 30만㎞/s로 쫓아옵니다. 마치 결코 따돌릴 수 없는 유령처럼 말입니다. 이 모든 것이 에테르의 부재 때문에 생겨난 현상입니다. 어떤 파동이 매질없이 존재한다는 사실은 이렇게나 말이 안 되는 겁니다.

에테르가 없는 게 자연스럽다고 생각했는데, 없는 게 더 골치군요.

이제 과학자들은 빛이 어떻게 진행하는지 전혀 설명할 수 없는 처지에 놓였습니다. 아주 복잡한 문제에서 막힌 것이 아니라, 빛의 속도라는 가장 기본적인 개념에서 어처구니없는 비합리성을 맞딱뜨린 것이죠. 가장 친숙했던 빛이 가장 낯선 존재가 되고 말았습니다. 이때 아인슈타인이 과감한 착상을 합니다. 그는 다음의 두 가지 원리를 제시했습니다.

1. 어떤 속도로 움직이고 있는 사람에게든지 물리법칙은 동일해야 한다 (상대성 원리).

2. 누가 보아도 빛의 속력은 항상 일정하다(광속불변의 원리).

1번 상대성 원리는 이미 갈릴레오가 발견한 거라고 하지 않았나요?

맞습니다. 아인슈타인이 제시한 두 가지 원리를 들은 과학자들은 이런 반응이었을 것입니다. '아니, 누가 그 두 가지를 모르나? 그것 때문에 지금 고민하고 있지 않은가.'

맞아요. 이건 아무 해결책이 되지 못하는 것 같은데요.

하지만 아인슈타인의 남다른 점은 이것입니다. **저 두 가지 원리만 고수하고, 저 원리와 모순되는 물리법칙이 있다면 무엇이든 다 뜯어 고치겠다**는 것입니다.

네? 그게 무슨 말이죠?

예를 들어 가만히 서 있는 사람과 움직이는 사람이 동일한 빛을 보면서 '내가 볼 때 빛이 c의 속도로 달려와'라고 말하는 것은 상식에서 벗어납니다.

하지만 2원리를 믿는다면 두 사람 말이 모두 사실이 되어야겠네요.

아인슈타인의 혁명적인 생각

그렇습니다. 빛의 속도란 빛이 움직인 '거리'를 '시간'으로 나눈 값입니다. 따라서 **시간과 거리의 개념을 바꿔서라도 두 사람의 말이 모두 맞는 상황을 이끌어낸다**는 것이 아인슈타인의 의지였죠.

빛의 속도 문제를 해결하고 싶어서 시간과 공간을 건드린다니, 빈대를 잡겠다고 초가삼간을 태우는 격 아닌가요?

바로 그겁니다. 이제 아인슈타인이 어떻게 초가삼간을 홀라당 태워버렸는지 알아보겠습니다.

3
특수상대론 I

누가 보더라도 빛의 속력이 모두 같다면 어떤 일이 생길까?

이것이 아인슈타인을 이끈 질문이었습니다. 일반 사람들은 우리에게 익숙한 개념인 시간과 공간을 기준으로 빛의 속도를 이해하려고 했는데, 아인슈타인은 거꾸로 **빛을 기준으로 시간과 공간을 다시 정립**합니다.

첫 번째 예시로 빛으로 시간을 재는 경우를 상상해봅니다. 빛이 위 아래로 움직이면서 그때 걸리는 시간을 기준으로 동작하는 시계가 있다고 가정해봅시다. 똑-딱-똑-딱 그 거리가 충분히 길다면 한 번 왕복하는 시간을 1초로 잡을 수도 있겠죠.

이 빛 시계를 아주 빠른 속도로 달리는 기차 안에 두었다고 가정합니다. 기차 안에 타고 있는 사람은 내가 움직이는 것이 아니라 기차

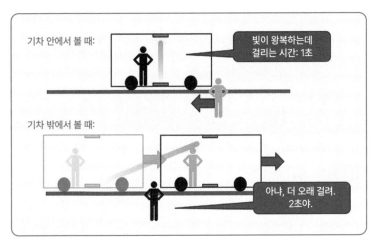

기차 안의 빛 시계

바깥 세상이 움직인다고 생각해도 됩니다(상대성 원리). 즉, 이 사람이 보기에 빛 시계는 아무 문제 없이 1초마다 위아래를 왕복합니다. 자, 이 시계를 기차 바깥에 있는 사람에게는 어떻게 보일까요? 이 빛이 수직으로 올라가는 대신, 대각선 방향으로 움직이는 것처럼 보입니다.

기차 안에서 수직으로 공을 던져도 바깥에서 볼 때는 대각선으로 움직이는 것처럼 말이지요?

네. 위 그림과 비슷한 상황이죠. 고전역학에서는 이동하면서 공을 보더라도 위아래의 속도는 변화가 없고, 수평 방향의 속도만 더해집니다. 그래서 공의 속도는 더 커진 것처럼 보이죠. 하지만 빛은 그렇지 않다고 했죠. 방향만 비스듬히 바뀔 뿐 빛의 속도는 여전히 c 이니까 위의 천장까지 도달하는 데 더 많은 시간이 걸립니다. 그래서 바깥사람이 볼 때 이 시계는 똑--딱--똑--딱 더 느리게 가게 되죠. 바깥사람이 소리칩니다. "네 빛 시계가 이상해. 1초보다 더 오래 걸려." 기차 안에 있는 사람은 말합니다. "무-슨 소-리-야. 1-초 만-에 똑-딱-이-고 아-무 문-제-없-단 말-이-야." 이 사람의 말조차도 느립니다.

잠깐만요. 그 시계를 하필 빛으로 만들어서 문제가 생긴 거잖아요. 빛 시계 말고, 다른 손목시계나 스마트폰 시계를 쓰면 되지 않나요?

기차 안의 세상은 멈춰 있는 세상과 다름없다고 했습니다. 빛 시계만 느리게 가고, 다른 물리 현상은 정상적인 속도로 진행한다면 말이 안 되죠. 그런 일은 있을 수 없다는 게 제1원리입니다. 다시 말해서 어떤 세상에서 빛 시계가 느리게 간다는 것은 시간 자체가 느리게 간다는 것을 의미합니다.

아, 그렇군요. 시간이 느리게 간다는 게 도저히 상상이 안 되요. 그럼 기차에 타 있는 사람도 말이 빨리 안 나오니까 답답하다고 느끼지 않을까요?

그 세계의 시간이 느리게 간다는 것은 *시계만 늦게 가는 것이 아니라* 사람들의 심장박동도 느려지고, 눈깜박임도 느려지고, 의식의 흐름

자체가 느려짐을 의미합니다. **그러니 우리 세계의 시간이 두 배로 빨라지든, 열 배로 느려지든 우리는 전혀 알아차릴 수 없습니다.**

우리를 관찰하는 다른 세계에서만 그렇게 보인다는 거네요. 좋습니다. 그럼 KTX를 타고 가는 사람들을 밖에서 보면 정말 그렇게 느리게 움직이나요?

시간이 얼마나 늦게 흐르는지는 간단한 수학으로 계산할 수 있습니다. 이걸 식으로 나타내면 이렇습니다.

$$\Delta t' = \frac{\Delta t}{\sqrt{1 - \dfrac{v^2}{c^2}}}$$

기차 안에서 Δt가 흐르는 동안 기차 밖에서는 $\Delta t'$의 시간이 흐릅니다. KTX나 제트기 속도 정도로는 이 효과가 너무 미미해서 느끼기 어렵습니다. 빛의 속도의 10%로 움직이면 시간 지연 효과는 약 0.5%, c의 87% 속도로 움직여야 시간이 2배 느려집니다. 따라서 일상생활에서는 이 효과를 눈치챌 수 없고, 시간이 똑같이 흐른다고 믿어도 크게 문제가 없는 것입니다.

일상에서는 못 느끼지만, 시간이 흐르는 속도가 조금씩 다른 것은 사실이라는 거네요.

그런데, 이상한 점이 하나 있답니다. 입장을 바꿔서 기차 안에 있는

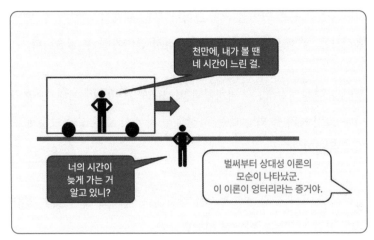

상대성 이론에 따르면, 기차 안과 밖의 사람은 서로 상대방의 시간이 느리다고 판단한다.

사람이 기차 밖의 세상을 보면 시간이 어떻게 흐르는 것처럼 보일까요?

자신의 시간이 정상이라고 생각하니까, 상대적으로 바깥세상의 시간은 빠르게 보이지 않을까요?

기차 안에서 밖을 보면, 바깥세상이 반대 방향으로 이동하는 것처럼 보이니까 **기차 안의 사람에겐 바깥세상의 시간이 느립니다. 시간지연이라는 것도 '상대적'입니다.** 서로가 상대의 시간이 느리다고 주장하는 것이죠.

A는 B의 시간이 느리게 보이고, B는 A의 시간이 느리게 보이면 논리적으로 말이 안 되잖아요.

그렇죠. 보통 사람이라면 이쯤 되면 이론에 모순이 있다고 느끼고 포기할 만합니다. 하지만 아인슈타인은 쉽게 물러나지 않습니다. 상대론을 반대하는 한 과학자와의 논쟁을 보십시오.

반대론자: 아인슈타인, 우스운 결론이로군. 이론이 잘못되었으니 이런 모순이 발생하는 것 아니겠는가.

아인슈타인: 아직은 문제될 게 없어. 두 사람은 서로 빠른 속도로 멀어지고 있고, 둘이 서로 만나서 시계를 확인하지 않는 한, 상대방이 느리다고 확신해도 괜찮지.

반대론자: 좋아. 둘이 만나는 상황을 만들어보지. 지구에 쌍둥이 형제가 있다고 해. 어느 날 형이 빠른 우주선을 타고 우주여행을 떠나네. 우주여행을 하는 동안 누가 더 천천히 나이 들겠나?

아인슈타인: 형이 볼 때는 동생이, 동생이 볼 때는 형의 시간이 느려 보이겠지.

반대론자: 좋아. 이제 형이 같은 속도로 다시 지구를 향해 돌아온다네. 역시 상대방의 시간이 느리게 간다고 여기겠지?

아인슈타인: 그렇지.

반대론자: 그럼 결국 두 사람이 지구에서 다시 만났다고 해보게. 둘 중 누가 더 젊은가? 자네 말에 따르면 서로가 젊다고 주장할 텐

데, 직접 확인해보면 누군가는 예상이 틀릴 수밖에. 그리고 그 틀린 예상을 유도한 게 자네의 엉터리 이론이라네. 알겠나?

아인슈타인: 음, 확실히 이상하긴 하군. 그런데 중요한 점을 간과했네. 형이 지구와 멀어지다가 방향을 돌려 다시 가까워졌기 때문에 지구에 머무른 동생과는 달리 형의 속도에는 큰 변화가 생기겠군. 앞의 내 이론은 속도가 일정한 경우만을 따진 거라네. 속도가 변하는 순간에는 또 다른 효과가 개입될 수 있고, 따라서 둘 중 하나는 더 젊을 수도 있겠네.

반대론자: 뭐야? 끝까지 고집을 피우는군.

아인슈타인의 말이 맞나요?

네, 이것이 상대론의 허점을 드러내는 '쌍둥이 역설'이라고 불리는데, 이 문제는 뒤에서 다시 다룹니다.

어쨌든 우주여행을 다녀오면 정말 내 친구보다 덜 나이가 든다는 거죠?

네. 빛의 속도에 가까운 우주선이 개발되는 미래에는 종종 그런 사람을 보게 될 수도 있습니다. 우주에서 행성 사이의 거리를 보통 광년으로 말하죠. '100광년 떨어져 있는 별'은 빛의 속도로 100년을 날아가야 도착한다는 뜻입니다. 어떤 친구가 방학 때 빛에 가까운 속도로 날아가는 우주선을 타고 100광년 떨어진 행성으로 여행을 다녀온다고 하면 뭐라고 할 건가요?

1. 미쳤어? 절반도 채 가기 전에 늙어 죽을 거야.
2. 걱정마. 네 시간이 느리게 흐를테니까 충분히 다녀올 수 있어. 갔다와서 보자.
3. 넌 멋진 여행을 하겠지만, 나를 다시 보진 못하겠구나.

아, 모르겠어요.

세 번째가 맞습니다. 우리가 볼 때는 왕복 200년이 꼬박 걸리겠지만, 친구는 천천히 늙을 테니 살아서 돌아오는 게 가능한 거죠.

신기해요. 그러나 빠른 우주선이 개발되기 전까지는 정말 시간이 늦게 흐르는지 확인하기는 어렵겠네요.

뮤온이라는 아주 작은 입자가 있는데요. 실험실에서 이 뮤온을 생성시키면 2마이크로초, 즉 0.000002초밖에 견디지 못하고 금세 붕괴해버립니다. 빛의 속도로 날아간다고 해도 0.6km 이상은 날아가지 못하죠. 그런데 대기 중에서 생성된 뮤온은 사라지기 전까지 1km 이상을 날아갑니다. 그 이유가 앞의 시간지연 효과로 설명이 되었습니다. 뮤온의 시간이 2.6배 더 늦게 흐르기 때문입니다.

빠르게 나르는 뮤온은 시간지연 효과로 수명이 2.6배 늘어난다.

오, 그럼 실제로 확인이 된 셈이네요.

이제 시간이 서로 다르게 흐른다는 것을 믿을 수 있겠어요? 하지만, 이건 시작에 불과합니다. 이상한 게 더 있어요.

익숙한 것들의 마법, 물리2

4
특수상대론 II

‘금성과 토성이 정확히 같은 시간에 동시에 폭발했습니다.’ 이는 과학적으로 맞는 말일까요?

금성과 토성은 각자 빠른 속도로 우주 공간을 움직이고 있으니, 시간이 다른 속도로 흘러요. 하지만 ‘동시’라는 것은 시간의 속도와는 관계없으니 동시에 폭발하는 것은 가능하죠.
잠깐만요. 토성이 폭발한 것은 알려면 토성에서 출발한 빛이 여기까지 도달해야 하는데, 금성보다 훨씬 멀리 있으니까 ‘실제로 동시에’ 폭발했다면 지구에서 볼 때는 금성 폭발이 더 이른 것처럼 보이겠네요.

훌륭한 생각이에요. 실제로 빛의 속도로 금성에서 지구까지는 2분,

토성에서 지구는 68분 거리니까 토성 폭발은 약 한 시간 이후에나 확인 가능할 겁니다. 그런데 이렇게 빛 또는 정보가 나에게 도달하는 시간까지 고려해서 말하면 너무 복잡하니, 앞으로는 편의상 **정보의 이동 시간은 빼고** 이야기하도록 하겠습니다.

그럼, 우주 어디에서나 동일하게 말할 수 있죠. '금성과 토성은 실제로 같은 시간에 폭발했다'라고요.

놀랍게도 상대성 이론에 따르면 그렇게 말할 수 없게 됩니다. 말하자면, 관찰자마다 '동시'라고 판단하는 기준이 달라진다는 뜻입니다. 다시 기차의 예로 돌아가 봅시다. 이번에는 기차의 수직 방향으로 빛을 쏘는 대신, 기차의 진행 방향과 같은 방향으로 나란히 빛을 쏜다고 생각해보세요. 기차 한 가운데서 양쪽으로 빛을 쏘고, 양끝에서 빛의 도착 시간을 기록합니다.

빛이 정중앙에서 출발했다면 당연히 양 끝에 동시에 도착하겠죠.

기차 안에 있는 A가 볼 때는 그렇지만 기차 밖에서 보면 이상합니다. B의 입장에서 두 빛은 양쪽으로 같은 속도 c로 달려가고, 대신 기차의 양 벽이 이동하는 것으로 보입니다. 그래서 빛은 왼쪽 벽에 먼저 도착하고, 한참 후에 오른쪽 벽에 도착하게 되죠.

이상해요. 기차 안에 있는 모든 것이 함께 이동하고 있는데, 유독

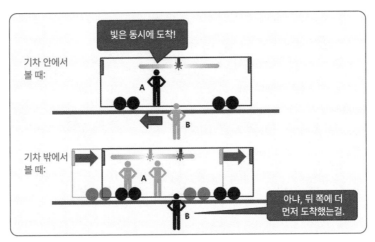

관찰자에 따라 빛이 도착한 순서, 즉 사건의 순서가 달라보인다.

빛만 기차의 이동과 관계없이 양쪽으로 같은 속도로 진행한다구요? 왠지 빛도 오른쪽으로 더 빨리 나아갈 것 같은데요.

그런 느낌이 드는 것은 빛이 소리와 마찬가지로 공기 같은 매질을 타고 이동한다고 상상하기 때문입니다. 빛은 매질이 없기 때문에 B의 기준에서도 양쪽으로 같은 속도로 이동한다고 보아야 합니다.

만일 그렇다면, B는 빛이 도착한 시간이 서로 다르다고 주장하겠네요.

네. 이를 **'동시성의 상대성'**이라고 합니다. 빛이 도착하는 순서가 달라 보인다는 것은, **열차의 양 끝에서 일어나는 모든 사건의 순서가**

인과관계를 무너뜨리는 이런 상상은 발생하지 않는다.

달라진다는 뜻입니다. A 기자는 기차 양 끝에서 동시에 폭발이 일어났다고 보고할 때, B 기자는 뒤쪽의 폭발이 조금 빨랐다고 주장하게 되는 거죠. 금성과 토성의 폭발도 마찬가지입니다. 금성 쪽으로 이동 중인 사람에게는 금성의 사건이, 토성을 향해 이동 중인 사람에게는 토성의 사건이 빨리 일어난다고 인식됩니다. 이동속도가 빠를수록 그 시간차가 더 크죠.

잠깐만요. 그렇다면 우주에서는 사건의 순서가 마구 바뀔 수도 있다는 뜻인가요? 예를 들어, 지구에서 금성에 있는 친구에게 무선으로 통신을 한다고 해봐요. 어떤 관찰자가 보기에 메시지를 보내기도 전에 메시지를 받았다고 하면 이상하잖아요.

네. 그런 일은 없습니다. 상대성 효과에 따른 두 사건의 시간차에는 한계가 있으니까요. 결론만 말하자면, 30만㎞만큼 떨어져서 발생한 두 사건은 관찰자에 따라 생길 수 있는 시간차가 기껏해야 1초 (관찰자가 빛의 속도로 달리는 경우), 지구와 금성에서 일어나는 사건은 그 시간차가 2분 이내입니다. 그래서 각각 원인과 결과가 되는 사건의 순서가 바뀌는 일은 없습니다.

역시 그렇군요.

이렇게 빠른 속도로 움직일 때는 시간만 달라지는 게 아니라 물체의 길이도 바뀝니다. 빠르게 움직일수록 그 물체는 짧아집니다.

그럼 제가 빨리 움직이면 난쟁이처럼 보이나요?

아뇨. 움직이는 방향으로만 짧아지니까, 키는 그대로고 몸이 호리호리해 보이겠죠. 날씬해 보이고 싶다면 빨리 걷는 것도 방법입니다. 다만 빛의 속도에 근접해야 하겠지만 말이죠.
이 길이 변화를 응용한 재미있는 문제가 있습니다. 길이가 10m인 사다리와 헛간이 있습니다. 사다리를 넣고 헛간의 양쪽 문을 닫으면 간신히 닫을 수 있겠죠. 이제 제가 이 사다리를 들고 빠른 속도로 뛰어와 볼게요. 친구는 사다리가 헛간 안으로 들어온 순간 헛간의 양쪽 문을 닫으세요.

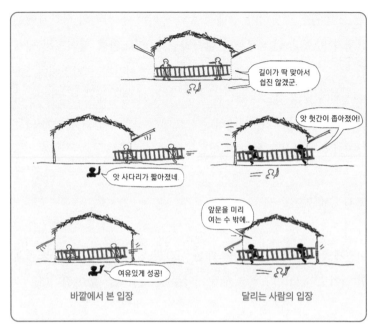

사다리 들고 헛간으로 뛰어가기

뛰어온다고 결과가 달라지나요?

제가 빛의 속도에 가깝게 뛰면 사다리가 9m로 짧아 보입니다. 그럼 친구는 여유 있게 성공하는 거죠.

잘 되었네요! 뛰는 게 더 이익이군요.

과연 제 입장에서도 그럴까요? **제 입장에서는 저와 사다리를 제외한 모든 세상이 빠른 속도로 이동하면서 수축되어 보입니다. 헛간**

도 마찬가지죠. 9m 길이의 헛간에 10m짜리 사다리를 넣으려고 하니 실패했다고 느끼겠죠.

하지만, 실제로는 성공했잖아요. 같은 사건을 두고 저는 성공했다고, 선생님은 실패했다고 판단하는 게 말이 되나요?

친구 입장에서 성공했다고 하는 장면을 제 입장에서 보면 우스워요. 사건의 동시성 때문인데요, 두 문을 동시에 닫아야 성공인데, 제가 볼 때는 앞쪽 문이 먼저 열리고, 잠시 후에 뒤쪽 문이 닫힌 걸로 인식하거든요. 두 문을 동시에 닫을 수 있어야 성공인데 말입니다.

아, '문을 동시에 닫는다'라는 개념에서 차이가 생기니까 두 사람의 결론이 달라지는군요.

네, 움직이는 물체의 길이를 재려면 물체의 양끝을 '동시에' 측정해야 하는데, **'동시'의 개념이 상대적이기 때문에 자연스럽게 길이도 상대적인 양이 되는 것입니다.**

아휴, 머리 아프네요. 그런데 어떤 물체든 빛의 속도를 능가할 수는 없다고 하던데 정말 그런가요?

이런 상상을 해보세요. 0.6c의 속도로 달리는 열차에서 0.6c의 속

속도가 광속에 가까워지면, 단순 덧셈의 법칙이 성립하지 않는다.

도로 총알을 쏘는 모습을요.

그럼 1.2c의 속도로 총알이 나가니까 빛의 속도를 넘는 게 가능하겠는데요.

그런데 빠른 속도로 달리는 열차 안에서는 모든 동작이 느려 보인다고 했던 것을 기억해봐요. 상대론적 효과를 고려하면 두 속도 효과가 더해져도 0.88c로 보일 뿐입니다. 일상 현상에서는 뉴턴 역학의 단순 덧셈을 해도 별문제가 없지만 빛의 속도에 근접한 경우를 다룰 때는 상대론적 속도 계산법을 사용해야 합니다. 그렇게 되면 결코 c를 넘어설 수 없다는 걸 알게 되지요.

이상한 점이 또 있어요. 총에서 총알을 가속시키는 것은 화약의 힘이잖아요. 만약 달리는 열차에서 쏜 총알이 느리다면, 마치 화약의 힘이 약해진 것처럼 보인다는 뜻이잖아요. 힘의 크기도 바뀌나요?

훌륭한 질문이군요. 상대론에서는 힘이 약해졌다고 말하는 대신, 총알이 무거워졌다고 말합니다.

질량이 바뀐다고요?

네, 상대론에 이르러서는 물체의 질량이 속도에 따라 달라진다고 봅니다.

$$m = \frac{m_0}{\sqrt{1 - v^2/c^2}} \quad (\text{m_0는 정지상태의 질량})$$

원래 100g이던 사과를 0.87c의 속도로 던지면 200g이 되고, 빛의 속도에 근접하면 1kg, 10톤이 될 수도 있습니다. 빛의 속도에 가까워질수록 질량은 급격히 증가하기 때문에 더 이상 가속하는 게 어려워지고 따라서 **빛의 속도를 넘어설 수 없게 됩니다.**
같은 물이라도 온도가 높으면, 상대론적 효과에 의해 미세하게나마 질량이 증가합니다. 물의 온도가 높으면 분자의 움직임이 빨라지니까요.

속도가 빠르거나 뜨거워지면 무거워진다니 놀랍네요. 질량불변법

속도가 빠를수록 물체의 질량이 증가한다.

칙 때문에 질량은 영원히 변하지 않는 것이라고 생각했는데.

원래 질량은 변하지 않는 물체 고유의 양이라고 생각했는데, 상대론에서는 그 물체의 에너지와 연관됩니다. 뉴턴 역학에서는 물체의 운동에너지는 그 물체의 질량과 속도에 의해 결정된다고 했고, $E = \frac{1}{2}m_0v^2$ 로 정의했죠. 상대론에서는 속도가 빨라질수록 질량이 늘어나기 때문에 우리가 물체의 질량만 알면 속도를 몰라도 물체의 에너지를 알 수 있다고 말합니다. 그래서 상대론에서는 $E=mc^2$라고 씁니다.

저 식이 무슨 뜻이죠? 아무리 봐도 이해가 안 갑니다.

고전적 에너지 정의에 따르면, 정지 상태 사과의 에너지는 0이었다가 세게 던지면 5로 늘어난다고 말합니다. 상대론적 에너지에서는 멈춰 있어도 이것의 질량이 0이 되지 않고 원래 자신의 질량에 해당하는 굉장히 큰 값, 예를 들어 3,000억의 에너지를 갖고 있다가 속도가 늘어나면 3,000억 5가 되었다고 말하는 식이죠.

결국 속도 효과로 에너지가 5만큼 늘어났다는 거네요.

실제적으로는 에너지의 변화량이 중요하기 때문에 상대론적 에너지를 쓰든지 고전적 에너지를 쓰든지 속도가 느릴 때는 별 차이가 없습니다. 그렇지만 속도가 아주 빨라지면 상대론적 에너지값이 맞게 됩니다. 빛의 속도에 근접할수록 물체의 질량은 무한대로 치솟게 되고, 아무리 힘을 가해도 빛의 속도를 넘을 수 없게 되는 거죠.

c^2은 왜 붙어 있나요?

뉴턴 역학에서 정의했던 개념과 맞추려고 곱하는 상수에 불과합니다. 따라서 $E=mc^2$은 **"에너지는 곧 질량과 같다"**라는 선언과 다름 없습니다.

질량은 물질의 양이고, 에너지는 물질의 상태인데 그 둘이 같다고요? 양자역학에서는 물질이 파동처럼 존재한다고 하더니 상대론에서는 물질과 에너지의 구분이 사라지네요.

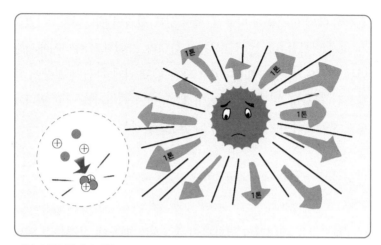

태양의 핵융합에서 방출되는 에너지만큼 태양의 질량도 감소한다.

또 한 번 우리의 상식이 깨진 것이죠. 큰 에너지가 아주 작은 질량의 물질로 바뀌기도 하고, 티끌 하나의 질량이 에너지로 바뀌면서 핵폭탄의 위력을 내기도 합니다.

저 식을 보니 운동해서 몸무게 1kg 빼는 게 왜 그렇게 힘든지 알겠어요. 엄청난 에너지를 방출해야만 질량이 사라진다는 거잖아요.

농담이죠? 살을 빼는 것과 질량을 우주에서 아예 사라지게 하는 것은 다른 문제니까요. 그런데 태양의 경우에는 정말로 에너지를 방출하면서 몸무게를 줄이고 있습니다.

태양에서는 양성자 2개와 중성자 2개가 만나서 헬륨으로 융합하면서 엄청난 빛과 열 에너지를 방출하고 있는데, 그때 원래 갖고 있

익숙한 것들의 마법, 물리2

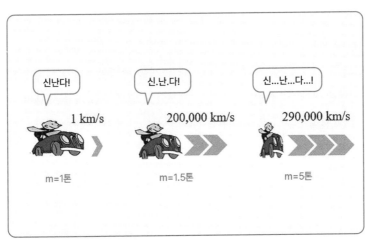

광속에 가까워질수록 시간이 느려지고, 무거워지고, 짧아진다.

던 질량의 0.4% 가량을 잃습니다. 이 효과로 태양의 질량은 매일 440만 톤씩 줄어들고 있다고 합니다.

그러다 태양이 완전히 다 사라지면 어떻게 하죠?

그렇게 되기까진 50억 년 정도가 걸릴 테니 염려할 필요는 없습니다. 태양이 1만 톤 더 줄어들기 전에 지금까지 이야기한 내용을 정리해보죠. 상대방이 일정한 속도로 움직이고 있다면(사실 그 사람이 움직이는 것인지 내가 움직이는 것인지 구분할 수 없습니다), 그는 나와 다른 시간과 공간을 경험합니다. 상대방의 시간은 더 천천히 가고(상대방은 내 시간이 천천히 흐른다고 말할 테지만) 사건의 순서가 달라지고 길이가 줄어들어 보이고 질량은 더 커집니다. 그리고 어떤 물체도 빛의 속도를 초과할 수 없게 됩니다. 지금까지 모든 실험 결과가 이 상대론이 옳다는 것을 뒷받침하고 있습니다.

그리고 이 새로운 생각은 **에테르의 존재를 증명하려다가 실패한 마이켈슨-몰리의 실험**, 그리고 **누가 보아도 빛의 속도가 동일해야 한다는 원리**로부터 유도된 결과입니다. 상대론을 공부해본 소감이 어떤가요?

시간과 공간은 딱딱하고 한치의 오차도 없는 냉정한 개념이라고 생각했는데, 상대론은 시간과 공간, 그리고 질량까지 고무줄처럼 늘었다 줄었다 한다고 하니 세상이 좀 더 유연해 보입니다.

좋아요. 특수상대론은 이 정도로 하고, 다음 시간에는 일반상대론에 대해서 알아보겠습니다.

익숙한 것들의 마법, 물리2

5
일반상대론

일반상대론은 어감상 좀 더 쉬울 것 같은데, 맞나요?

미안하지만 반대입니다. 각 대상의 속도가 변하지 않고 일정하고 특별히 간단한 경우만 다룬 게 특수상대론입니다. 반면 일반상대론은 속도가 변하는 경우를 다루기 때문에 훨씬 더 복잡합니다. 여기서는 중요한 핵심만 짚고 넘어갈 테니 염려 마세요.

빛은 항상 직진한다고 배웠지만 엄밀히 따져보면 항상 그렇지는 않습니다. 다음의 세 사람이 각자 빛을 쏘았다고 할 때 빛이 확실히 직진한다고 볼 수 있는 사람은 누구일까요?

우주 공간에 둥둥 떠 있는 사람은 아무 방해도 받지 않으니까 직진할 것 같은데요. 떨어지는 사람은 계속 가속을 받으니까 아무래도

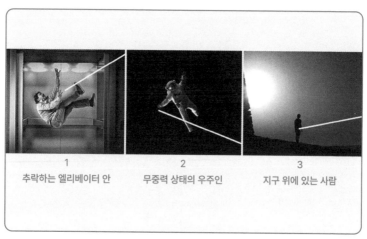

1	2	3
추락하는 엘리베이터 안	무중력 상태의 우주인	지구 위에 있는 사람

빛이 확실히 직진하는 것을 관찰할 수 있는 사람은?

직진하는 빛을 보긴 어려울 것 같고요.

우주 공간에 떠 있는 사람, 맞습니다. 지구에 서 있는 사람은 중력을 경험하니까 아무래도 부자연스러운 상태인 것은 맞죠. 엘리베이터를 타고 있다가 갑자기 줄이 끊어지면 어떨까요? 엘리베이터 안은 갑자기 무중력 상태가 되어 내부 물건이 둥둥 떠다니는 모습을 보게 될 것입니다. 아인슈타인은 이런 자유낙하의 상황은 우주 공간에 떠 있는 상태와 구별할 수 없을 것이라고 보았습니다.

우주 공간에 가만히 떠 있는 것과 추락하는 엘리베이터 안에서 떠 있는 것과 같다고요? 우주 공간에 떠 있으면 고요하고 평온하겠지만 추락하는 엘리베이터 안은 그야말로 공포의 도가니가 될 텐데요?

그건 이 추락이 끝나고 바닥과 충돌할 때가 다가올 것이라는 '예상' 때문에 느끼는 공포입니다. 냉정하게 보면 물리적 상황은 우주 공간의 무중력 상태와 다를 바가 없습니다. 〈무한도전〉이라는 TV 프로그램에서도 잠깐 동안 추락하는 비행기 안에 들어가서 무중력 상태를 경험해보기도 했습니다. '무중력 상태'와 '중력에 의한 추락'이 동등하다는 깨달음이야말로 아인슈타인으로 하여금 일반상대론을 구축하게 만든 결정적인 계기가 되었습니다.

바이킹이나 자이로 드롭에서 아래로 떨어지는 순간 간담이 서늘해지잖아요. 그렇다면 무중력 상태에 있는 사람은 늘 그런 아찔한 기분이란 말인가요?

우리가 자유낙하를 할 때 아찔함을 느끼는 이유는 중력 상태에서 갑자기 무중력 상태로 바뀌기 때문일 것입니다. 무중력 상태에 적응하고 나면 그 아찔함이 사라지겠죠. 아인슈타인의 관점을 따르면, 중력에 의해 물체가 낙하하는 것을 이렇게 해석할 수 있습니다. "물체는 다만 공중에 무중력 상태처럼 가만히 떠 있을 뿐이고, 지면이 (가속하는 엘리베이터처럼) 점점 빨리 올라와서 물체에 부딪힌다." 물체가 아래 방향으로 가속하는 대신 지면이 위로 가속한다고 보면, 가벼운 물체나 무거운 물체나 동시에 지면과 충돌할 것이라는 뉴턴과 갈릴레오의 주장이 너무나 자명해지죠. 공중에서 수평으로 던진 물체 역시 단지 무중력 상태에서 오른쪽으로 등속 이동할 뿐이고 지면이 올라와서 충돌한다고 보면 됩니다.

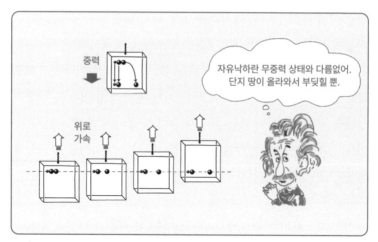

자유낙하 운동을 무중력 상태로 해석할 수 있다.

중력이란 물체가 가속하는 것이 아니라, 단지 땅바닥이 점점 위로 빨리 올라오는 것과 같다? 근데 정말 말이 되긴 하네요. 의자에 가만 앉아 있기만 해도 엉덩이가 눌려서 중력이 작용한다는 걸 느끼잖아요. 이건 어떻게 설명하나요?

여러분은 공중에 가만히 떠 있는데, 땅과 함께 의자가 점점 위로 빨리 올라오면서 가속하고 있다면 어떻게 될까요? 엉덩이가 의자에 계속 눌리지 않겠습니까? 바로 그 효과인 것이죠.

그렇겠군요. 그런데 처음에 빛의 직진 이야기를 하다가 왜 가속 이야기로 넘어온 거죠?

지상에서 볼 때 빛은 중력에 의해 휘어진다.

중력이 있는 곳에서 빛이 어떻게 진행하는지 알아보려고요. 계속해서 위로 가속하는 땅에 서 있는 사람이 볼 때는 직진하는 빛이 어떻게 보일까요? 공이 떨어지는 것과 마찬가지로, 마치 빛이 낙하하는 것처럼 보일 겁니다.

공과 똑같은 방식으로 빛이 아래로 떨어진다는 거네요.

네. 다만 빛의 속력이 너무 빨라서 그 효과가 작아 보일 뿐이죠. 그래서 일반상대론은 이렇게 결론을 내립니다. "중력은 물체의 운동 방향뿐만 아니라 빛도 휘게 한다."

빛의 속력은 누가 봐도 변하지 않는다고 하더니, 휘는 것은 가능하

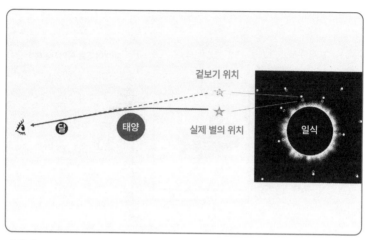

태양의 중력에 의해 별빛이 휨을 관찰하다.

다는 거네요. 알쏭달쏭합니다. 휘는 빛을 본 적이 있나요?

이 이론은 당연히 많은 과학자들의 반발을 샀습니다. 그러나 그 후 놀라운 천체 관측 결과가 나타났습니다. 빛이 휘는 것을 보려면 태양처럼 거대한 질량 근처여야 하는데 빛이 너무 밝아 태양 주변의 별빛을 관찰할 수가 없었죠. 마침 일식이 일어났을 때 태양 주변의 별들을 볼 수 있었는데, 원래 빈 동그라미에 있으리라고 예측된 별들이 바깥쪽에서 관찰된 것입니다. 빛이 휘어서 생긴 효과인데, 휘는 정도까지 정확히 맞추었습니다. 이는 일반 상대론이 과학계에서 인정받기 시작한 계기가 되었습니다.

빛이 휘어서 진행하다니 상상이 안 됩니다.

익숙한 것들의 마법, 물리2

상대론에서는 빛의 경로가 휜다고 말하는 대신, 공간이 휘었다고 표현합니다. 팽팽한 그물망 위에 무거운 물체를 올려놓았다고 상상해보세요. 개미가 이렇게 움폭 들어간 땅 위를 직진해서 움직이면 어떻게 될까요? 위에서 볼 때는 휘어서 움직이는 것처럼 보이겠죠? 빛도 휘어 있는 공간 안에서 직진하면 그 진행 방향이 휘어진다고 생각하면 됩니다.

그물망 표면 말고, 그물망 아래에서 올라오는 빛은 어떻게 되나요? 그럼 휘지 않잖아요.

허점을 잘 찾아내는군요. 이건 2차원 평면 공간의 왜곡을 나타내기 위한 비유에 불과합니다. 3차원 공간이 휘어 있는 것을 이 3차원 세계에 표현하기는 어려우니까요. 실제로는 어느 방향으로 빛이 오든 휘는 게 맞습니다.

그물망에 하나의 공을 더 얹어볼까요? 둘이 움직여서 서로 달라붙습니다. 그물망의 존재를 모르는 사람은 '두 공에 서로 붙으려는 힘이 있다'고 말하겠죠? 중력도 그렇게 해석할 수 있습니다. 지구가 달을 직접 잡아당긴다기보다는, 지구가 주변 공간을 변형시켜놓았고, 그것 때문에 달이 움직인다고 말입니다. 물론 달도 지구보다는 미약하지만 주변 공간을 변형시키기 때문에 지구에 영향을 줍니다.

중력을 공간의 변형으로 대체하다니, 꽤 멋진걸요?

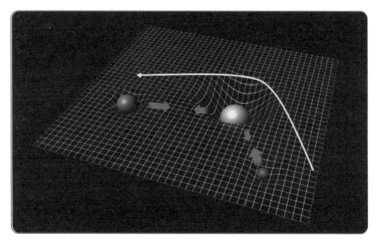

질량은 공간을 휘게 만들고, 휜 공간은 빛을 휘게 만들 뿐 아니라 다른 물체를 끌어당긴다.

별 주위의 공간의 변형이 극도로 심해지면, 빛이 심하게 휘어 그 별에서 출발한 빛이 별 바깥으로 나올 수 없는 경우도 생깁니다. 이렇게 빛을 전혀 방출하지도, 반사하지도 않는 별을 블랙홀이라고 합니다.

그래서 블랙홀은 검은 별이 되는군요. 밤하늘은 원래부터 깜깜한데, 까만 블랙홀을 어떻게 발견하나요?

블랙홀 자체는 검지만, 주변을 지나가는 빛을 휘기 때문에 마치 공중에 볼록렌즈 하나가 떠 있는 것처럼 주변 이미지가 왜곡되어 보입니다. 또한 주변 물질들이 블랙홀로 빨려 들어가면서 (구덩이 안

익숙한 것들의 마법, 물리2

(왼쪽) 블랙홀은 주변의 별빛을 휘게 만들고, (오른쪽) 블랙홀로 빨려 들어가기 직전의 물질들이 원반 형태의 빛을 방출한다. [출처: wikipedia.org]

으로 빠져들기 직전에) 빛을 내기 때문에 원판 모양의 고리를 보게 될 것이라고 예측합니다. 영화 〈인터스텔라〉에 등장한 블랙홀의 이미지도 그런 계산 결과를 반영해서 만들어진 것이죠.

빛나는 블랙홀이라니 특이하네요. 블랙홀은 어떻게 만들어지나요?

별의 질량이 너무 크면 블랙홀이 될 수 있습니다. 지구의 경우에도 중력 때문에 북극과 남극, 아시아와 유럽 대륙이 서로 당겨 더 작게 압축되려는 경향이 있습니다. 그럼에도 불구하고 자신의 부피를 유지하는 것은 그 안에 있는 양성자와 양성자, 전자와 전자가 밀어내는 전기력 때문이죠. 그런데 별의 질량이 너무 크면 중력이 전기력을 능가해서 모든 양성자와 전자들을 한 곳에 밀어넣으면서 엄청난 밀도의 별이 만들어집니다.

예를 들어, 태양의 질량이 지금의 3배 이상이 되면 스스로 압축되어 블랙홀이 될 가능성이 있습니다. 지구도 강제로 찌그러뜨려서 그 지름이 1㎝ 이하가 되게 만들면 초미니 블랙홀이 될 수 있습니다.

지구가 블랙홀이 되면 달과 태양도 모두 빨아들이게 될까요?

블랙홀이라고 해도 빛을 빨아들이는 영역의 크기가 천차만별입니다. 지구가 1㎝ 이하로 압축되어 블랙홀이 된다고 해도 빛을 빨아들이는 영역이 1㎝ 밖에 되지 않습니다. 멀리 떨어져 있는 달이나 태양은 전혀 영향을 받지 않죠.

중력에 의해서 발생하는 또 다른 효과가 있습니다. 큰 질량 주변에서 빛이 휘어지는 모습을 상상해보세요. 동일한 시간에 바깥쪽 C-D는 안쪽 A-B보다 더 긴 거리를 가게 됩니다. 이는 빛의 속도는 누가 보아도 일정해야 한다는 원리를 위반하는 현상입니다.

움직이는 속도가 빠를수록 길이가 짧아 보인다고 했잖아요. 이것도 그 길이 수축 효과와 비슷한 걸까요?

잘 기억하고 있네요. 하지만 그 길이 수축 효과는 움직이는 방향으로만 짧아 보이고 수직 방향으로는 변화가 없습니다.

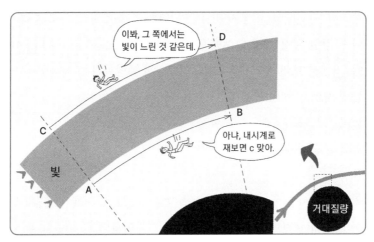

중력의 세기에 따라 빛이 진행한 거리가 달라진다.

그럼 빛의 속도가 달라지는 것이 사실인가요?

그렇지는 않습니다. 이번에도 시간을 의심해봐야 합니다. 즉, A-B 높이에서는 시간이 빨리 가고, C-D 높이에서는 시간이 느리게 간다는 것이죠. 그럼 두 경우 모두 빛의 속도가 같게 되거든요. 이를 정리하면 중력이 강할수록 시간이 느리게 간다는 결론에 이릅니다.

또 시간 지연이군요.

네, 그런데 앞에서 말한 시간 지연과는 큰 차이가 있습니다. 속도의 차이로 생긴 시간 지연은 서로 상대방의 시간이 느려 보이는 '상대적 효과'라고 했습니다. 하지만 중력에 의한 시간 지연은 서로가 동의하는 '절대적 시간 지연'입니다. 영화 〈인터스텔라〉에서 중력이 아주 강한 밀러 행성에 주인공들이 잠시 착륙하는 장면이 나옵니다. 거기서 보내는 1시간이 지구의 7년에 해당한다는 내용이 나오는데 바로 이 현상을 반영한 것입니다.

영화 말고 실제로 증명된 예가 있나요?

최근에 37억 년에 1초의 차이를 측정할 수 있는 광시계가 개발되면서 지구의 표면과 고층 건물에서의 시간지연을 직접 확인할 수 있게 되었습니다. 이 실험 결과에 따르면 약 30층의 높이에서 살아가는 사람은 1층에서 사는 사람보다 1억분의 1초 일찍 죽습니다.

1초도 아니고, 1억분의 1초라구요? 그래도 어쨌든 중력이 강한 곳에서 살면 조금이라도 더 천천히 늙는 건 맞네요.

네. 하지만 오해하지 마세요. 시간이 아무리 늦게 흘러도 본인의 삶이 더 길어지는 것은 아닙니다. 여러분이 중력이 아주 강한 곳에서 사는 사람을 관찰하게 된다면, 시간이 느린 만큼 그 사람의 행동과 말, 생각도 모두 느리다는 것을 알게 될 겁니다. 그러니 어디서 살든 딱히 이익이나 손해를 보는 게 아니죠.
이제 앞에서 말했던 쌍둥이 역설을 다시 생각해봅시다. 빠른 속도로 멀어지는 형과 동생이 서로를 바라보며 상대방의 시간이 느리다고 주장하는 상황이었습니다.

익숙한 것들의 마법, 물리2

중력의 센 곳일수록 시간의 흐름이 느려진다(속도가 빠를 때와 달리 이는 절대적인 시간 지연이다).

그랬죠. 하지만 실제로 서로 만나보면 누구 말이 옳은지 결론이 나겠지요.

우주선을 타고 멀어지고 있는 형이 지구의 동생을 다시 만나려면 속도를 줄이고 U턴을 해야 하기 때문에, 속도가 일정한 경우만을 다루는 특수상대성 이론에서는 다시 만나는 상황을 상상할 수 없었습니다.

일반상대론에서는요?

우주선이 출발할 때 형은 큰 가속을 받고, U턴을 할 때 속력을 줄

쌍둥이 역설의 해결: 우주여행 중 형만 가속을 받기 때문에 형이 덜 늙게 된다.
[출처: https://deepstash.com/article/163942/six-not-so-easy-pieces#idea_294791]

였다가 반대 방향으로 다시 가속합니다. 지구에 도착할 때도 다시
급격히 속력을 줄이게 되겠죠. **이 엄청난 가속은 마치 형이 강한
중력을 받는 것과 같은 효과를 줍니다.**

그럼 형의 시간이 느려지나요?

그렇죠. 일반상대론의 시간 지연 효과가 발생하고, 이는 절대적 시
간지연, 즉 형과 동생이 모두 인정하게 되는 시간 지연입니다. 엄밀
하게는 더 복잡한 계산이 필요하지만, 일차적으로는 가속 효과로
형이 덜 늙는다고 생각할 수 있습니다.

그렇군요. 그럼 언젠가 타임머신도 만들 수 있을까요?

미래로 가는 타임머신은 가능합니다. 중력이 큰 행성에 다녀오거나 큰 가속도로 우주여행을 하고 돌아오면 10년, 100년 후의 지구를 만날 수 있겠죠.

그럼 그때 미래의 내 모습도 볼 수 있나요?

아닙니다. 나는 멀리 여행을 떠났다 한참 후에야 돌아온 상태가 됩니다. 부모님은 이미 돌아가시고, 흰머리가 난 친구들이 모여들어 왜 이제야 돌아왔냐고 나를 반기겠죠. 과거로 가는 방법에 대해서는 몇 가지 이론이 있기는 하지만 아직 확실한 것은 없습니다. 타임머신은 아직 반쪽만 가능한 거죠.

6
차원 이야기

SF에서 '4차원 세계'란 말이 자주 등장하는데 4차원이 무슨 뜻인가요?

낮은 차원부터 시작해보죠. 공중에 길게 늘어진 줄을 따라 이동하는 어린 여왕개미를 상상해보세요. 이 개미는 앞뒤로만 움직일 수 있으므로 1차원 세계에서 산다고 말할 수 있습니다. 이 줄을 바닥에 내려놓으면 이제 개미는 앞뒤, 좌우로 평면 이동이 가능해지면서 2차원 세계로 확장됩니다. 그러다가 이 여왕개미에 날개가 달려 위아래의 이동까지 가능해지면, 완전한 3차원의 삶이 시작되죠.

그럼 인간도 날개가 없이 땅에서만 움직이니까 2차원 존재에 해당할까요?"

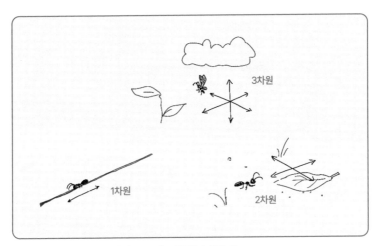

개미의 1차원(선형)적, 2차원(평면)적, 3차원(입체)적 삶

그건 아닙니다. 설명을 좀 더 덧붙여야겠습니다. 만일 개미에게 지능이 있다면 이동만 1차원으로 제한될 뿐, 자신이 줄 위에 있다는 사실과 줄을 놓치면 바닥으로 추락할 것이라는 걸 알겠죠. 그런 면에서 엄밀하게 말해서 개미는 3차원적 인식을 하고 있는 것이죠. 진짜 1차원적 존재는 앞뒤 외에는 아무것도 느끼지도, 상상하지도 못합니다. 아예 옆을 보지도 못하고, 다리의 존재도 느끼지 못합니다.

음…. 상상하기 어렵네요. 2차원 존재라면요?

2차원 존재는 앞과 옆을 구분하지만 위아래의 세상이나 두께에 대해서는 전혀 무지합니다. 말하자면 도화지에 놓인 도형과도 같습니

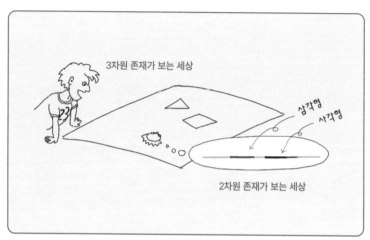

3차원 존재가 보는 세상

삼각형
사각형

2차원 존재가 보는 세상

2차원 존재에게는 주변 사물들이 선으로 보인다.

다. 우린 3차원 존재이기 때문에 도화지 위의 세모와 네모를 한눈에 구분하지만 2차원 존재라면 도형의 한쪽 변만 볼 수 있기 때문에 세모든 네모든 길쭉한 줄로만 보입니다.

그럼 2차원 존재는 세모와 네모도 구별 못하나요?

구별하는 방법이 있습니다. 회전을 해보라고 하는 거죠. 세모는 한 바퀴 돌 동안 길이가 세 번 줄었다 늘었다 하지만 네모는 네 번 줄었다 늘었다를 반복합니다. 회전해도 길이가 전혀 변하지 않으면 원이라고 부릅니다.***

*** E. A. 애벗은 책 《플랫랜드》에서 차원 이야기를 도형 입장에서 흥미롭게 풀어썼다.

익숙한 것들의 마법, 물리2

어휴 답답해. 우리가 2차원 존재가 아닌 게 천만다행이네요.

3차원 존재라고 해도 거기서 한 단계 나아갔을 뿐, 별반 다르지 않습니다. 우리가 2차원 평면도형은 단숨에 구분하지만 3차원 입체도형은 바로 알아볼 수 없거든요.

그럴 리가요.

원통이든 육면체든 똑바로 세워놓고 옆에서 바라보면 똑같이 사각형으로 보입니다. 이 둘을 확실히 구분하려면 이리저리 돌려봐야 하죠.

이리저리 돌려보는 게 2차원 존재가 하는 행동과 비슷하네요. 그럼 4차원 존재는요?

4차원 존재가 있다면, 한눈에 이 도형의 모든 면을 바라볼 수 있을 겁니다. 그리고 순간 이동도 가능해서 이 방에 있다가 갑자기 저 방에 나타날 수 있겠죠.

벽을 뚫지 않고 어떻게 이동하나요?

우리가 2차원의 세계로 내려가보는 것을 상상해보세요. 도화지에 놓여 있는 삼각형에게 '답답하게 종이에만 갇혀 있지 말고 위로 뛰

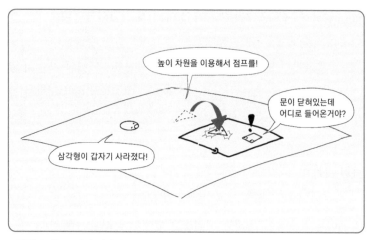

3차원 존재는 2차원 세계에서 마법사가 된다.

어 올라봐'라고 말하면 어떻게 될까요?

도화지를 벗어나기가 너무 힘들다고 할까요?

아뇨. 대체 위가 어디냐고 물을 겁니다. 그 세계에서는 위를 볼 수도 상상할 수도 없는 거죠. 답답한 우리가 삼각형을 잡아서 위로 들어올려봅니다. 그럼 도화지 세계에서는 삼각형이 사라져버립니다.

가족들이 삼각형을 찾느라 실종신고를 내고 난리가 나겠네요.

그 삼각형을 도화지의 저쪽에 다시 내려놓으면 그 세계에선 이런 뉴스가 뜨겠죠. '삼각형이 순간이동에 성공하다!'

알겠습니다. 그래서 4차원 존재라면 3차원 세계에서 벽을 지나가거나 순간이동을 할 수 있게 되는 거군요. 하지만 4차원 세계라는 건 어디까지나 허구겠지요?

그건 모릅니다. 우리가 알고 있는 3차원이 이 우주의 마지막 차원인지, 아니면 5차원, 6차원의 세계가 더 펼쳐져 있는지 장담할 수 없죠. 흥미로운 점은, 수학이라는 도구에서는 3차원 세계를 묘사하는 식을 고차원으로 쉽게 확장할 수 있다는 것입니다.
예를 들어, 직선이나 평면상, 그리고 3차원 공간에서 두 좌표 사이의 거리는 다음의 피타고라스 정리로 나타냅니다. 그렇다면 4차원에서의 거리가 어떻게 될지 쉽게 짐작할 수 있죠.

$$r = \sqrt{(x_1 - x_2)^2} = |x_1 - x_2| \quad ; \text{1차원상의 거리}$$
$$r = \sqrt{(x_1 - x_2)^2 + (y_1 - y_2)^2} \quad ; \text{2차원상의 거리}$$
$$r = \sqrt{(x_1 - x_2)^2 + (y_1 - y_2)^2 + (z_1 - z_2)^2} \quad ; \text{3차원상의 거리}$$

4차원에서의 거리를 상상할 수는 없지만 계산할 수는 있겠네요.

상대성 이론도 수학으로 전개하다 보면 흥미로운 점이 나타납니다. 마치 시간이 네 번째 좌표인 것처럼 식이 만들어지거든요. 즉, 우리 세상에서 일어나는 모든 사건을 (x, y, z, t)라는 좌표로 표현하면 물리법칙이 더 간단해집니다.

시간이 네 번째 좌표가 된다면, 우리 세상도 4차원 세계라는 말인가요?

네, 그래서 시간과 공산을 합쳐 4차원 시공간(timespace)이라고 부릅니다. 다만 공간 축에서는 우리가 원하는 대로 옮겨다닐 수 있는데, 시간축으로는 마음대로 앞뒤로 움직이지 못한다는 게 특징이죠. 말하자면 3.5차원을 산다고 할까요? 시간마저 자유롭게 오가는 온전한 4차원 존재끼리는 이런 대화가 가능할지도 모릅니다. "여러분, 왼쪽으로 10m 움직인 후, 3분 전으로 걸어가세요."

높이 차원에서 움직이는 장치가 엘리베이터라면, 시간 차원에서 움직이는 것이 타임머신이군요. 이해가 되었어요!

상대성 이론은 시공간의 네 가지 요소가 서로 긴밀하게 엮여 있다고 말하고 있습니다. 내가 어떤 운동을 하고 있느냐에 따라 공간과 시간 간격이 변하는 것이죠. 초등학교 운동장에 있는 정글짐을 떠올려보세요. 철봉의 각 모서리마다 시계를 붙여놓았을 때 모든 시계가 늘 같은 간격을 유지하고, 같은 시각을 가리킬 것이라고 상상하는 것이 뉴턴의 고전 세계관입니다. 시공간은 언제나, 누구에게나 균일하다고 보는 것입니다.

그게 자연스럽게 느껴지는데요. 시간과 공간은 견고하고 정확한, 객관적인 틀이니까요.

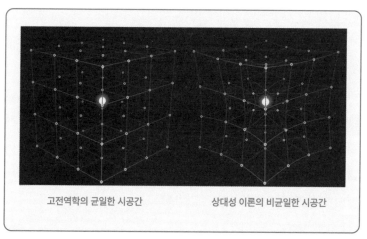

| 고전역학의 균일한 시공간 | 상대성 이론의 비균일한 시공간 |

상대성 이론에서는 질량의 분포나 관찰자의 속도에 따라 공간의 간격과 시간의 흐름이 달라진다.
[출처: Wikimedia Commons]

하지만 상대론은 누가 어떤 상황에서 바라보느냐에 따라 우주의 공간과 시간이 유동적이고 상대적이라고 말합니다. 질량이 큰 물체가 있거나, 빠른 속도로 움직이는 사람이 본다면 주변의 공간의 크기가 바뀔 뿐 아니라 각 위치마다 시간의 흐름이 바뀝니다.

양자역학에서는 물질의 존재를 딱딱한 입자들의 집합이 아니라 구름이나 유령처럼 퍼지는 것이라고 했는데, 상대론에서는 공간과 시간마저 그렇다고 말하는 것 같아요.

그렇죠. 이 세상은 생각보다 말랑말랑한 곳인가 봅니다. **이 우주의 변하지 않는 틀은 시간과 공간이 아닌, 빛의 속도라고 할 수 있습**

니다. 그 누구에게든, 어디에 있든, 어디로 달려가고 있든, 빛의 존재는 변함없이 존재하고 늘 똑같이 다가가도록 세상이 만들어져 있으니까요.

마치 빛이 우주의 신이라도 된 것 같네요. 양자역학은 아주 작은 세계를 다루지만, 지금 컴퓨터나 첨단 제품에 많이 활용된다고 하셨잖아요. 상대론적 효과는 빠른 속도로 움직이는 경우에나 두드러지니 일상에서는 체감하기 어렵겠네요.

확실히 아직 양자역학보단 덜 쓰이지만, 내비게이션을 가능하게 하는 GPS는 상대론 없이는 동작할 수 없는 기술입니다. GPS는 인공위성을 활용해서 내가 있는, 지구상의 위치를 알아냅니다.

인공위성이 제가 어디 있는지 사진을 찍어 알려주나요?

그 정도로 세밀한 사진을 찍거나 사람을 판별하는 것은 어렵고 사생활 문제도 있죠. 대신 각 인공위성은 일정한 시간마다 온 사방에 특정한 전자파를 방출합니다. 스마트폰의 GPS 장치는 각 인공위성으로부터 도착한 신호의 시간차를 측정합니다. 만일 A, B 위성에서 온 신호가 정확히 같은 시간에 도착했다면 스마트폰이 A, B로부터 같은 거리만큼 떨어져 있다고 할 수 있죠. 만일 A 신호가 0.0000001초만큼 더 빨리 도착했다면 거기에 광속을 곱해서 얻은 3m만큼 A 인공위성에 더 가깝다는 걸 알게 됩니다.

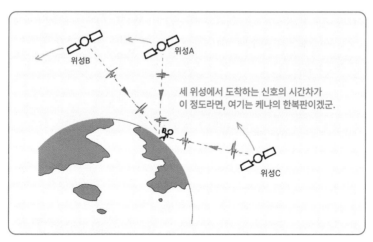

인공위성에서 오는 신호의 시간차로부터 자신의 위치를 알아내는 GPS에서는 상대론적 시간 보정이 필수적이다.

시간차를 아주 정확히 측정해야만 하는군요.

이 부분에서 상대성 이론이 중요해집니다. 인공위성은 초당 4㎞의 속도로 움직이고 있기 때문에 특수상대론 효과로 시간이 느리게 흐르고 이는 하루에 7.1마이크로초(μs)만큼의 지연을 만듭니다. 또 이들은 지구표면보다 중력이 더 약한 곳에 존재해 있기 때문에 일반상대성 이론 의해서 하루에 45.7μs씩 빨라지고 있습니다. 그래서 매일 38.6μs씩 지구의 시계와 오차가 생깁니다. GPS에서 38.6μs만큼의 시간 오차는 거리로 11㎞에 해당합니다. GPS가 상대론적 오차를 보정하지 않으면, 하루가 지난 후 여러분이 도시의 반대편에 있는 것처럼 지도에 표시되겠죠.

상대론이 없다면 GPS 기술은 애초부터 불가능하네요. 우리도 모르는 사이에 스마트폰에 이미 상대론이 들어와 있었군요.

익숙한 것들의 마법, 물리2

5장

우주와 인간

지금까지 물리학이 보여주고 들려준 이야기가 여러분에게 어떻게 다가왔는지 궁금합니다. 아래는 기말 시험에 종종 출제되는 문제인데, 여러분도 빈칸을 채워보세요.

우리가 살아가는 이 세계(우주)는 _____ 한 곳이다.

왜냐하면 _____ 때문이다.

1
우주의 구조

이상하죠? 밤하늘을 올려다보고 있으면 처음엔 별이 한 열 개밖에 안 되는데, 계속 보고 있으면 점점 그 숫자가 늘어나요.

어둠에 적응될수록 눈이 점점 더 예민해져서 그런가 봅니다. 아니면, 별을 볼 수 있는 마음이 점점 더 커져서 그럴 수도 있겠죠.

눈에 보이지 않을 뿐이지, 별은 무한히 많겠죠?

우주에서 빛나는 별들의 수는 10^{23}개 정도 된다고 합니다. 쌀밥 한 숟가락 안에 들어 있는 탄소 원자의 개수와 비슷하고요. 지구의 사막과 해변의 모래 알갱이보다 열 배 정도 많은 수입니다. 이렇게 많은 별들이 있지만 별들 사이에는 너무나도 넓은 진공의 간격이 존재하고 있으니까 우주 전체의 크기가 얼마나 될지 상상하는 것은 거의 불가능하죠. 사람들은 이 밤하늘을 보면서 그 광대함에 매료 됐고, 우주는 무한히 넓고 영원 전부터 존재해왔다고 여겼습니다.

우주의 크기

우주는 실제로도 무한히 넓은 것 아닌가요?

우주가 무한하다고 하면 모순이 생긴다고 주장한 올버스라는 사람 이 있는데, 그의 논리는 이렇습니다. 일단은 우주가 무한하고 거기 에 일정한 간격으로 별들이 존재한다고 가정합니다. 지구에서 거 리 R만큼 떨어진 별들의 수가 100개 정도 된다면, 거리 2R만큼 떨 어진 곳의 면적은 4배(거리의 제곱에 비례)가 되기 때문에 별들의 수는 400개가량 됩니다. 하지만 거리가 2배 멀어진 효과로 인해 지 구에서 보는 별 하나의 밝기는 1/4(거리의 제곱에 반비례)로 줄어들 죠. 따라서 별들의 수와 밝기를 모두 고려하면 거리 R에서 오는 별 빛의 총합과 거리 2R에서 오는 별빛의 총합이 비슷합니다. 마찬가 지로 10R이나 100R 거리에서 도달하는 빛의 양도 줄지 않습니다. 1R, 2R, 3R… 등 모든 거리에서 오는 별빛들을 다 더하면 무한대가 되고, 이는 우리가 우주 어느 방향을 바라보든지 태양보다 밝게 보 여야 한다는 뜻입니다. 밤하늘이 지금처럼 어둡다는 것은 우주의 크기가 무한하지 않기 때문이라고 그는 주장했습니다.

올버스의 역설: 2배 멀리 떨어진 별들의 빛은 1/4로 약해지지만 별의 수는 4배이므로 모든 거리에서 같은 양의 빛이 도달한다. [출처: https://en.wikipedia.org/wiki/ Olbers%27_paradox]

그러고 보니 올버스의 말이 맞는 것 같네요.

그가 놓친 부분도 있습니다. 무한히 먼 곳에서 날아오는 별빛을 상상하려면 (광속이 유한하다는 사실을 고려했을 때) 무한히 오래전부터 그 별이 빛을 보내고 있었어야 합니다. 하지만 별은 무한한 시간 동안 빛을 발하지 못합니다. 빛은 에너지의 일종이고, 별이 에너지를 다 소모하면 별빛이 꺼지게 되어 있으니까요. 어쨌든 올버스의 논의는 우주의 크기에 대해 다시금 의문을 갖게 만들었다는 데 큰 의의가 있었죠.

우주가 무한히 넓고, 영원 전부터 이런 형태로 존재했다고 가정하기 어려운 이유가 또 있습니다. 우주의 천체들이 서로 중력으로 끌어당기고 있기 때문에 시간이 흐를수록 점점 서로 가까워지고 결국에는 한 점으로 붕괴되기 쉽습니다. 영원의 시간 동안 이 상태를 유지했다고 볼 수는 없죠.

그럼 지금의 우주는 언제부터 존재했다는 것인가요?

천문학자들이 밤하늘의 별들을 유심히 관찰하다가 특이한 현상을 발견했는데, 지구에서 멀리 떨어진 은하(별들의 무리)일수록 더 붉은 빛을 띠는 경향이 있다는 겁니다. 별빛의 파장이 더 길다는 것인데, 이것은 별이 우리로부터 빠른 속도로 멀어질 때 일어나는 현상입니다. 구급차의 사이렌 소리가 가까이 다가올 때는 높은음으로, 멀어질 때는 낮은음으로 들리는 것과 비슷한 원리입니다. 즉, 먼 별일수록 더 빨리 멀어지고 있다는 것이죠. 어느 날 친구가 잠을 깼는데, 손끝이 점점 멀어지고 있고 발끝은 두 배로 빨리 멀어진다면 그게 뭘 의미하겠습니까?

내 몸이 커지고 있다?

마찬가지로 우주도 팽창하며 점점 커지고 있다는 뜻이죠.

우주가 점점 커지고 있다고요? 그럼 오랜 옛날에는 우주가 아주 작았다는 뜻이잖아요.

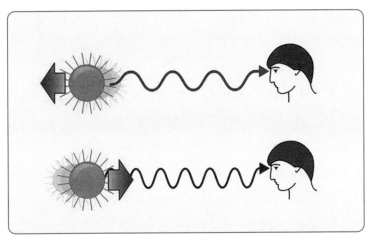

같은 빛을 내는 별이라도 멀어지면 파장이 길어지고, 가까워지면 파장이 짧아진다.
[출처: Wikimedia Commons]

그래서 만들어진 이론이 '빅뱅(Big Bang, 대폭발)'입니다. **우주가 어느 한 순간에 '빵'하고 시작되었다**는 것이죠.

우주가 갑자기 생겨나다니, 그게 말이 되나요? 그게 언제인데요?

이상하게 들리죠? '빅뱅'이라는 이름도 사실 이 이론을 비아냥거리는 말로 내뱉은 것이거든요. 현재로선 약 138억 년 전에 실제로 발생했다고 보고 있습니다. '무'의 상태에 있던 우주라고 하더라도 양자역학의 불확정성 때문에 아주 짧은 순간 물질이나 에너지가 생겨날 수 있는데, 이것이 대폭발로 이어진 것입니다. 엄청난 고온의 폭발 이후 우주는 팽창하면서 점점 온도가 내려가고 조금씩 수소와 헬륨 등의 원자 형태를 띠고, 이들이 뭉치면서 별이 탄생했다고 생각합니다.

폭발을 통해 우주가 팽창했다면 그 중심도 존재하겠군요. 그리고 팽창하고 있는 우주의 가장자리도 있을 테고요.

좋은 질문인데요. 우주의 중심이나 가장자리라는 것은 따로 존재하지 않습니다. 우주의 팽창을 상상할 때 이미 존재하는 캔버스 같은 공간 위에 구슬들이 모여 있다가 갑자기 흩어지기 시작하는 모습을 떠올리는데, 그건 적합하지 않습니다.

뭐가 문제인데요?

우주의 탄생은 이미 주어진 공간 안에 물질이 생겨난 것이 아니라, **물질과 공간 자체가 탄생하는 것**이었습니다. 빅뱅 이전에는 물질이 존재할 수 있는 공간 자체가 없었던 것이죠. 풍선 위에 그림을 그린 후에 풍선을 불어보세요. 그림이 점점 커지면서 모든 점과 점 사이가 갈수록 멀어지죠? 그림이 풍선 위로 미끄러져 움직이지 않음에도 불구하고 말입니다. 그와 마찬가지로 별들이 공간을 가로질러 퍼지는 것이 아니라, 별과 별 사이에 계속해서 새로운 공간이 만들어진다고 보는 편이 더 정확합니다.

공간이 계속해서 생겨난다니, 물리학은 꿈같은 이야기로 가득하군

우주의 팽창은 풍선 표면의 확장과 비슷하다. 은하 사이의 공간이 팽창하면서 서로의 거리가 멀어진다.　　　　　　[출처: Eugenio Bianchi, Carlo Rovelli & Rocky Kolb]

요. 그럼 가장자리 문제는 어떻게 해결하나요? 우리가 우주선을 타고 우주의 끝까지 가본다면, 언젠가 공간의 맨 가장자리에 도달하지 않을까요?

고대의 지구인들도 그와 비슷한 의문을 품었었죠. 해와 달이 저 너머에서 뜨고 지는 것을 보니 분명 땅덩어리의 크기는 유한할 것 같은데, 그 땅의 끝이 어떻게 생겼을까. 배를 타고 너무 멀리 나가면 바닷물이 폭포처럼 흘러내려 영원히 돌아오지 못할까 두려워했죠. 지금 우리는 땅이 동그랗게 말려 있어서 전혀 그런 문제가 없다는 걸 알고 있지만 말입니다.

땅을 유한한 크기의 평면으로 생각하면, 그 경계가 어떻게 생겼을지 상상하기 어렵다.

그러고 보니 지구는 크기가 유한하면서도 가장자리가 없는 놀라운 세계로군요.

네, 아인슈타인도 어쩌면 우주도 지구처럼 안쪽으로 말려 있을지 모른다고 생각했죠. 만일 그런 우주라면 우주선을 타고 아무리 직진을 한다고 해도 한참을 달리다보면 다시 지구로 돌아오게 될 겁니다.

나도 모르게 휘어서 달린다는 뜻인가요?

휜다는 표현이 애매합니다. 위나 아래, 좌 또는 우가 아닌 또 다른 차원으로 휘어지는 것이니 우리는 인식할 수 없습니다. 과학자들은 독특한 방법으로 우주가 얼마나 심하게 말려 있는지 조사하고 있는데, 현재의 관측으로는 우주가 그렇게 거의 말려 있지 않고 거의 편평하다고 알려져 있습니다.

그럼 공간의 가장자리가 존재한다는 이야기 아닌가요?

그건 뭐라 말할 수 없습니다. 일단 우리가 관측할 수 있는 곳은 우주의 나이인 138억 년 전에 빛이 출발한 그 지점까지니까요. 그 너머의 우주는 어떤 형태인지 알 수 있는 근거가 전혀 없습니다. 확실한 것은 과거에는 우주가 더 작았고, 갈수록 그 우주가 커지고 있다는 것이죠. 오늘도 지구의 밤하늘에는 8분 전에 만들어진 태양빛을 반사하는 달빛과 100년 전에 출발한 별빛, 그리고 138억 년 전에 생겨난 빛(비록 공간팽창 효과로 그 파장이 너무 길어졌지만)이 섞여 있습니다.

밤하늘 사진 한 장에 우주의 역사가 담겨 있군요. 138억 년 전에 빅뱅이 일어나면서 우주가 우연히 시작되었다고 했는데, 왜 하필 그때였을까요? 빅뱅 직전까지 무한대의 시간이 흐르는 동안 아무 일이 없었다는 게 좀 이상해요.

그에 대한 여러 가지 가능한 답변 중에 하나를 말씀드리죠. 친구는 시간이 한 시간쯤, 혹은 1년쯤 지났다는 것을 어떻게 인식하죠?

일하느라 몸이 피곤해졌거나, 배가 고파졌거나, 계절이 바뀌는 것을 보고 알지요.

그렇죠. 우리는 물질의 상내 변화를 통해서 시간의 흐름을 인식합니다. 그렇다면 **아무것도 없는 완전한 무의 공간에서는 시간을 어떻게 인식**할까요? 거기에는 아예 시간이라는 개념 자체가 존재하지 않습니다.

오, 알겠어요. 공간과 마찬가지로 시간도 빅뱅 이후에나 가능한 개념이군요.

빅뱅이 일어나는 과정을 설명하는 데는 양자역학과 상대론이 모두 중요합니다. 원래 양자역학은 아주 작고 가벼운 세계에서 일어나는 일을 다루고 있었고, 상대론은 질량이 엄청나게 크고, 속도가 빠른 세계에 적용되는 것이어서 둘이 다루는 세계는 전혀 달랐습니다. 하지만 우주의 시작을 이야기하다 보니까 아주 작은 곳에 엄청난 질량과 에너지가 모여 있는 상황을 맞닥뜨리게 된 것이죠.

그런데 이상하군요. 빅뱅 발생을 설명하는 양자역학과 상대론이라는 과학법칙은 빅뱅 이전에도 있었다는 뜻인가요?

그건 저도 궁금한 부분입니다. 물리법칙이란 시간과 공간 안에서 물질들이 어떻게 움직이는가를 설명하는 것인데, 이제는 물리법칙으로 시간과 공간의 탄생 자체를 설명하고 있으니까요. 우주의 시작은 여전히 베일에 싸여 있습니다.

2
우주의 의미

우주가 생겨난 이후 오늘날까지의 역사를 거대 역사, '빅히스토리'라고 부릅니다. 우리나라 역사에 고조선의 건국이나 삼국통일, 임진왜란 같은 주요 사건이 있었듯이 우주의 역사에도 주요한 전환점들이 존재해요. 우주 달력은 138억 년의 역사를 1년으로 압축에서 보여줍니다. 1월 1일에 빅뱅이 시작되었고, 얼마 후 첫 번째 별이 생겨났습니다. 원래는 수소와 헬륨이 대부분이었는데 이들이 중력으로 서로 모이면서 높은 온도와 압력의 별이 형성되고 그 안에서 산소, 규소, 탄소, 철 같은 무거운 원소들이 만들어지기 시작합니다. 압력이 극에 달하면 별이 초신성이 되어 폭발하면서 이 원소들을 온 우주에 뿌려 놓습니다. 이 지구에 존재하는 이런 다양한 원소들도 바로 이 초신성에서 나온 재료들입니다.

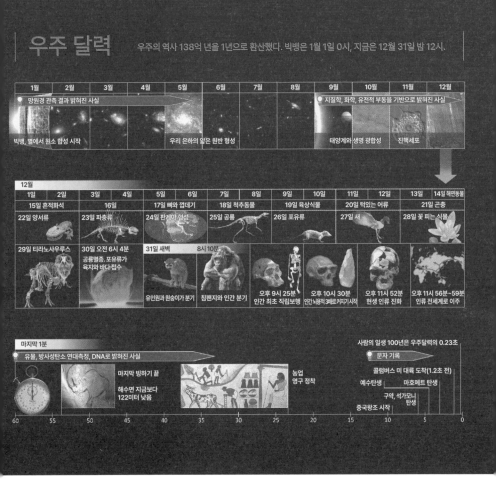

우주의 역사를 1년으로 압축한 칼 세이건의 우주달력.　　[출처: Wikimedia Commons]

지구나 우리 몸이 별 폭발물의 잔해로 만들어졌군요.

별들이 점차 무리를 짓다가 5월이 되면 은하수가 형성되고 9월에 태양계가 태어나고, 우리가 알기로 최초의 생명이 생겨났습니다. 10월에 광합성이 시작되고, 11월에는 진핵생물이 등장하고요. 12월에야 비로소 여러 개의 세포를 가진 유기체가 출연합니다.

그럼 인간은 언제 나오나요?

아직 멀었습니다. 12월 21일에 곤충이, 그리고 26일에 포유류가 등장하고, 31일 오후 8시에 원시 인류가 나타납니다. 오후 9시 25분에 일어나서 걷기 시작하고, 11시 52분에 현생 인류가 출현하죠. 11시 56분부터 3분간 인류의 대이동이 이루어지고 나면 자정이 되기까지 이제 1분밖에 남지 않습니다.

인류의 역사가 고작 1분도 되지 않는다고요?

자정이 되기 23초 전에 농업 혁명이 일어나고요. 5초 전에 예수가 태어나면서 서기 1세기가 시작됩니다. 우리 한 사람이 여기 태어나서 이 땅을 사는 시간은 고작 0.23초입니다.

우주에 인간이 등장하는 데 138억 년이나 걸렸다니 까마득하군요.

글쎄요, 어쩌면 오래 걸렸다는 사실보다 인간이 등장한 사실 자체가 기이하다고 할 수 있습니다. 우주에서 발생한 사건들은 당연히 일어나야 할 일이 일어나는 것이 아닙니다. 각 국면이 등장하기 위해서는 수많은 조건들이 충족되어야 가능한데 놀랍게도 우리 우주는 그런 조건들을 갖추고 있었던 것이죠.

우주에 네 가지 힘이 있다는 것을 2장에서 배웠습니다. 그 힘들의 크기는 각각의 상수에 의해서 결정되는데, 아마 그 값들이 조금만 달랐더라면 지금의 우주의 모습을 갖추지 못했을 것입니다.

첫 번째, 강한 핵력의 결합 상수가 지금보다 조금만 작았더라면, 우주에는 수소만 만들어지고, 다른 원소는 생겨나지 못했을 것이다. 반면 그 상수가 조금만 더 컸더라면 모든 수소가 헬륨으로 전환되고, 거기서 멈추었을 것이다.

두 번째, 약한 미세 상수가 조금만 작았더라면 우주 초기에 아예 수소가 형성될 수가 없고, 조금만 컸더라면 초신성이 무거운 원소들을 방출하지 않게 된다.

세 번째, 전자기 미세 구조 상수가 조금만 더 컸으면 별들이 충분히 뜨겁지 않고, 조금만 더 작았으면 별들이 빨리 타버린다.

네 번째, 중력의 미세 구조 상수가 조금만 작으면 물질이 뭉치지를 않고, 더 컸다면 애써 만들어진 별들이 너무나 빨리 타버려서 생명의 진화가 일어나지 못한다.

그럼 현재의 우주가 만들어지고 여기에 생명이 탄생한 것은 기적인가요?

그렇습니다. '우주는 지금의 시나리오를 위해 처음부터 준비되어 있었다'라고 말하는 학자도 있고 이를 단순히 확률적인 결과로 보는 학자도 있습니다. '과거에도, 현재에도 수많은 우주가 탄생하고 있고, 그들 대부분은 생명을 만들어내지 못하지만 아주 간혹 운 좋게 생명을 만들어내는 우주도 있다. 지금은 **어쩌다 보니** 우리가 생명이 탄생된 우주의 주인공일 뿐이다'라는 거지요.

선생님은 어떻게 보시는데요?

그 부분을 충분히 연구해보지 않아서 명확한 견해는 아직 없지만, 어쩌다 생겨났다고 보기에 이 세상은, 그리고 우리 인간은 너무 아름답고 위대합니다. 우연히 생겨난 존재가 자신의 기원을 탐구하며 궁금해한다는 사실이 정말 믿기 어렵거든요.

과학, 특히 물리학은 우리 주변의 현상들이 왜 일어나는지 그 원인을 밝히고, 결국 우주가 어떻게 탄생했는지까지 말해주잖아요. 그럼 물리학은 사람의 존재 이유를 무엇이라고 말하나요?

지금까지 나온 질문 중 가장 크고 무거운 이야기네요. 과학계의 일치된 답이 없으니, 대신 제 개인적인 경험과 생각을 중심으로 말해보겠습니다.

어린 시절 제게 과학은 신기하고, 재미난 것이었습니다. 세상은 온통 놀이터고 과학은 장난감 설명서 같았습니다. 장난감을 갖가지 방법으로 놀다가, 고장 나면 분해해서 고치고, 필요에 따라 개조해볼 수 있도록 도와줬죠. 그런 흥미 때문에 선택한 물리학은 대학 이후로 제게 큰 충격으로 다가왔습니다.

첫 번째는 이 세상이 단지 양성자, 중성자, 전자로만 이루어졌다는 사실이죠. 이 세상에는 딱딱한 돌과 부드러운 피부, 투명한 유리, 촉촉한 물, 이런 다채로운 물질로 가득한데, 실은 이것들이 세 입자의 집합이라는 것, 그리고 살아 있는 동물과 나 자신마저도 세 입자의 조합에 불과하다는 것이 너무 이상했습니다. 돌멩이와 내가 본질적으로 다를 바 없다는 뜻이니까요.

앞에서 말한 결정론도 그렇습니다. 이미 정해진 법칙에 의해 입자들이 움직일 뿐, 진정한 의미에서 새로운 일이 발생할 수 없으며, 나의 생각과 감정도 그저 주어진 대로 일어나는 것일지 모른다는 사실이 저를 좌절시켰습니다. 또 '엔트로피 증가 법칙'이 말하듯 한마디로 세상은 가장 높은 확률을 갖는 상태로 계속 변해갑니다. 이 말은 '세상에는 특별한 일이 일어날 수 없고, 뻔한 결과를 향해서 흘러갈 뿐'이라는 이야기죠. 생명체 안에서 일어나는 복잡한 현상, 그리고 뇌에서 일어나는 사고 과정마저도 적어도 물리적 측면에서는 무생물이나, 기계에서 일어난 현상과 본질적으로 다르지 않아

보입니다.

거기에 진화론은 한술 더 뜨죠. 이런 복잡한 생명체가 존재하는 이유가 단지 '자연에서 발생된 여러 우연 가운데서 가장 생존 가능성이 높은 개체가 살아 남았기 때문'이라고 말해줍니다.

지금 와서 보니 그렇네요. 하지만 학교 공부를 할 때는 그 내용들이 나에 관해 무엇을 말해주는지 생각해볼 기회가 없었어요.

그렇죠. 우리가 매일 배우는 사실에 대해 어떤 생각과 느낌이 드는지 자주 이야기를 해봤어야 하는데 말입니다. 저도 학생들에게 강의를 하기 전까지는 별로 의식하지 못했어요. 다만 무의식 중에 서서히 스며드는 느낌은 있었죠. **이 세상도, 나 자신도 특별한 의미가 없다**는 것입니다. 우연히 생겨나서 잠시 존재하다가 흔적없이 사라지는 바람과 별다를 바 없어 보였죠.

하지만 학교에서 인생이 허무하다고 가르치지는 않죠. 우리 자신을 소중히 여겨야 하고, 사람은 선하고 정직하게 살아야 한다고 배우지 않나요?

그렇습니다. 국어 시간에 우리는 상대방의 의견을 존중하는 법을 배우고, 미술 시간에 자연의 아름다움을 도화지에 표현하고, 도덕 시간에는 양심에 따르는 삶에 대해 배웁니다. 하지만 과학 시간이 되면 우리가 우연의 산물이라고 배우죠. 여기서 내적인 충돌이 일어납니다. 감정이나 신념, 도덕과 윤리는 인간에게 부여된 신성한 의무나 특권이 아니라 이 우주에서 우연히 갖게 된 정신 상태고, 생존 경쟁을 통해 살아 남은 가치에 불과하다는 느낌을 갖게 됩니다.

그게 무슨 뜻이죠?

우리는 거짓말은 옳지 않으며, 남을 위한 희생은 고귀한 것이라는 사회적 공감대를 갖고 있습니다. 하지만 과학적으로 볼 때 우주는 무엇이 옳고 선한지 정해주지 않습니다. 다만, 거짓말을 하지 않아야 한다고 느낀 사람들, 남을 위해 희생하는 유전자를 가진 사람들이 지금 살아남았을 뿐이라고 말해주죠.

착한 사람들을 살아남게 했다는 것은 우주가 도덕적이라는 뜻이 아닌가요?

그렇다고 말하긴 어렵죠. 털이 달리거나 날카로운 송곳니를 가진 동물이 살아남은 이유와 다를 바 없습니다. 지금 단계에서 생존에 유리한 형질로써 선택된 것뿐입니다.

자연에 부적응한 동물들이 도태되고 사라지듯, 인간도 남들보다 능력이 뒤떨어지거나 약점이 있는 사람들이 도태되어야만 인간도 진화한다는 건가요?

진화론에 따르면 그렇습니다. 우리가 정신적, 혹은 신체적 장애인도 일반인과 동등한 삶을 누릴 수 있는 사회를 만들어가려고 애쓰고 있는데, 이런 복지는 인간의 진화에 역행하는 행위라고도 할 수 있겠죠.

생물의 진화는 매우 잔혹하군요.

네. 진화론은 우리에게 심각한 딜레마를 안겨줍니다. 진화론이 잘못되었다는 것이 아니라, 이것을 어떻게 해석할 것이냐의 문제에 있어서 말입니다.

인문학이나 예술과 달리 과학은 철저한 논리와 증명, 실험을 통해 구축된 학문이라서 가장 확실하고도 명확한 지식을 준다는 신뢰가 있어요. 실제적인 세계를 다룬다는 느낌이죠. 그런데 과학이 삶의 의미를 증명해주지 못한다면 사랑과 정의, 고귀함과 아름다움이란 단지 인간이 만들어낸 이미지나 환상에 불과할 것일까요?

철학자 알렉스 로젠버그는 스스로 던진 질문에 이렇게 답했습니다.

실재의 본질은 무엇인가?
- 물리학이 말하는 그것이다.

우주의 목적은 무엇인가?

- 그런 것은 없다.

삶의 의미는 무엇인가?
- 마찬가지로 그런 것은 없다.

옳고 그름, 선과 악은 어떤 차이가 있는가?
- 둘 사이에는 근본적 차이가 없다.

그렇다면 내가 왜 도덕적이어야 하는가?
- 도덕적인 것이 비도덕적인 것보다 당신의 기분을 좋게 하기 때문이다.

일종의 과학적 허무주의라고 할 수 있습니다.

동의하고 싶지는 않은데, 반대할 근거가 뭔지는 모르겠어요.

반면, 철학자 오르테가는 이런 근본적인 질문에 과학을 근거로 답하는 것 자체가 과학을 잘못 사용하는 것이라고 지적합니다. 그는 이렇게 말합니다. "과학은 결과를 명확하게 예측하는 놀라운 능력을 지니고 있는데, 이는 궁극적이고 결정적인 질문을 제외하고, 자신이 다룰 수 있는 문제에만 집중했기 때문이다. 그런데 과학이 눈부신 성공에 자신감을 얻어서 자신이 다룰 수 없는 더 높은 차원의 문제까지 답을 하려고 한다면 과학의 역량을 넘어서는 일이다."

우주의 의미는 과학이 다룰 수 없는 질문이라는 뜻이군요.

비트겐슈타인은 "한 체계의 의미가 그 체계 내부에서는 발견될 수 없다"고 말했습니다. 예를 들어서 우리들이 병원에서 태어나서 한 번도 병원에서 벗어나 본 적이 없다고 생각해봅시다. 어떤 간호사가 가장 친절하고 어떤 밥이 맛있는지에 관해서는 이야기할 수 있겠지만, 병원이 나에게 주는 의미가 무엇인지 생각할 수 있을까요? 병원의 존재 의미와 가치에 대해 말하려면 병원 바깥에 대한 정보나 경험이 필요한 겁니다.

우주 내부의 정보만을 가지고는 우주가 갖는 의미를 온전히 발견할 수 없겠네요.

만일 과학이 우주 안에서 경험된 것만을 탐구대상으로 삼고 그 너머를 인정하지 않는다면 우주의 의미를 찾는 것이 불가능할지도 몰라요. 또한 '우주에 어떤 의미도 없다'는 결론은 그 자체로 모순적입니다.

왜 그렇죠?

우주에 어떤 의미도 없다면 인간의 이성도 무의미하고, 인간의 탐구과정도, 거기서 나온 모든 결론도 무의미하기 때문입니다. 인간이라는 이상하게 생긴 존재가 입을 열어 아무 의미없는 이야기를 지껄이고 있는 것에 불과합니다. 우주에 의미가 없다면 이런 책을 읽을 필요도 없죠.

우주에 의미가 없다는 결론 자체도 무의미해지는군요.

그런 측면에서 저는 우주에 의미가 있다고 믿습니다. 그것의 가장 큰 증거는 바로 저와 여러분이죠. 고작 양성자와 중성사, 전자로 이루어진 우리들이 지금 이 순간 삶의 의미를 탐구하고 있다는 사실이야말로 이 우주에 의미가 있음을 말해줍니다.

세상은 물질로 이루어져 있고, 그 물질들 사이에는 일정한 법칙이 작용합니다. 과학은 물질과 그것을 움직이는 법칙을 탐구하고, 그것 외엔 아무것도 없다고 가정합니다. 이 세상의 한 부분, 예를 들어서 날아가는 야구공이든, 모기의 눈알이든, 인간의 뇌세포든, 그것만 떼어놓고 실험대 위에서 자세히 관찰하면 과학의 가정이 옳다는 것을 알게 됩니다.

그런데 그 모든 것들이 한데 모여 있는 우주는 각 부품이 갖고 있는 특성, 그 이상의 것이 만들어집니다. 야구공과 배트가 모여서 역사적인 경기 장면이 나오고, 모기의 눈알 같은 것들이 모여서 생명의 공동체를 이루고 뇌세포 덩어리에서 대화와 사고가 생겨납니다. **물질이 모여서 물질을 초월하는 그 무언가를 만들어내는** 것이죠.

양자역학에서도 그랬죠. 전자 하나를 낚아채서 조사하면 분명 한 개의 입자처럼 보이지만, 가만 놔두면 유령처럼 모든 곳에 존재하

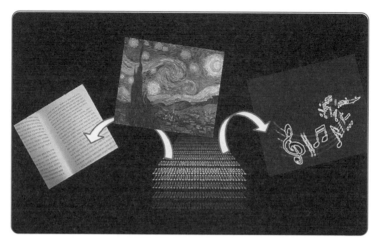

무의미해 보이는 1과 0의 배열 안에 위대한 글과 그림, 음악이 담겨 있다.

면서 자기 스스로와 간섭현상을 일으키잖아요.

디지털 세계에서도 비슷한 일이 일어납니다. 어떤 디스크에는 훌륭한 문학 작품이나 감동적인 음악이 담겨 있고, 세상을 깜짝 놀라게 할 귀중한 연구 자료를 분석 중인 컴퓨터도 있습니다. 또 SNS에 올라온 몇 문장이 사람들의 생각을 움직여 혁명을 일으킬 수도 있습니다.

그 컴퓨터나 스마트폰 안에 있는 정보의 본질을 파악하기 위해서 그것들을 분해하고 샅샅이 뒤져 보면 뭐가 나올까요? 실은 그 안에 존재하는 것은 전자들의 움직임뿐이고, 1과 0의 전기신호가 왔다, 갔다 하고 있을 뿐입니다. '10111010001…'은 위대한 시인의 작품이지만 '10000110010…'은 아무 의미 없는 낙서가 됩니다. 디지털 부

익숙한 것들의 마법, 물리2

호 안에는 생명도 예술도, 정치는 물론 정신세계도 없습니다.

전자의 세계에서는 배열의 차이만 있을 뿐이니까요.

그렇다고 우리는 컴퓨터의 정보를 무의미하다고 판단합니까? 그렇지 않습니다. 왜냐하면 그 정보의 의미는 전기신호나 반도체 물질 자체가 갖고 있는 것이 아니라 그것을 초월해서 존재하기 때문입니다. 다만 전기와 반도체는 그 정보를 전달하고 밖으로 표출하는 일을 담당할 뿐인 거죠. 우리도 물질에 대해서 그렇게 생각을 할 수 있지 않을까요?

의미는 물질 내부에 담긴 것이 아니라, 그 물질을 초월해서 존재한다?

그렇습니다. 우리의 생각과 마음, 우리 영혼과 기쁨은 물질을 초월하며, 다만 물질을 매개로 표현되는 것들입니다. 물질 안에서 의미를 찾을 수 없다고 해서 우주에 의미가 없다고 결론을 내리는 것은 과학을 잘못 해석하는 것이죠. 저는 그런 과학적 허무주의에 반대합니다.
영화로도 만들어진 《나니아연대기》의 〈새벽 출정호의 항해〉편에서 유스타스라는 소년이 라만두라는 별의 신에게 말합니다.

> "오! 당신이 별이라고요? 우리 학교에서는 별은 활활 타고 있는 거대한 가스 덩어리라고 배웠어요."

라만두가 답합니다.

"별이 그것으로 만들어진 것은 맞지만 그것이 별의 본질은 아니란다."

맞아요. 저 역시 뼈와 살의 조합 그 이상이니까요. 인간뿐만 아니라 자연 세계도 그 재료와 동작 원리를 다 안다고 해서 자연을 다 이해했다고 할 수 없겠네요.

별의 성분을 분석하는 것이 과학이라면, 우리의 인생은 별의 노래를 듣는 것이라고 할 수 있죠.****

**** 출처: 이종대, 〈모든 것이 빛난다〉 중

3
과학의 목적

아인슈타인이 우주와 관련해서 가장 신비롭고, 기이하게 여기는 부분이 있었습니다.

상대성 이론이나 양자역학과 관련된 것이겠죠?

아닙니다. 우리가 우주를 탐구할 수 있고, 조금씩 이해해가고 있다는 사실을 가장 큰 신비로 여겼습니다. 우리는 우주의 일부에 불과한데, 마치 우주보다 더 높은 차원의 존재인 양 우주를 객관적으로 바라보고 이해하는 존재가 되었다는 사실을 놀라워했습니다.

우주에 관해 가장 이해할 수 없는 부분이 있다. 그것은 우리가 우주를 이해할 수 있다는 사실이다.   - 아인슈타인

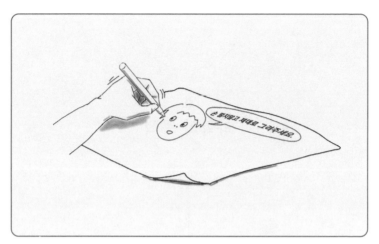

인간이 우주를 이해하는 일은 그림이 작가를 이해하는 것과 흡사하다.

수학 언어가 물리 법칙을 서술하기에 적절하다는 기적은 우리가 이해할 수 없고 받을 자격도 없는 놀라운 선물이다.   - 유진 위그너

물리학자 유진 위그너도 비슷한 이야기를 했습니다. 물리학은 우주의 법칙을 수학으로 기술하는데, 이 수학이라는 것은 인간의 논리이고, 인간이 생각하는 방식을 표현한 것입니다. 그런데 어떻게 인간의 뇌에 존재하는 논리가 이 우주 전체가 움직이는 방식과 이토록 유사할 수 있는지, 왜 우리 두뇌가 우주를 이해하기 적합하도록 만들어져 있는지, 이것은 뜻밖의 선물 같다는 것이죠.

세상을 움직이는 원리가 수학으로 표현된다는 말은 그만큼 단순하고 예측 가능하다는 뜻 아닌가요? 하지만 우주의 모습은 그렇게 단

순하지 않잖아요?

맞아요. 보통 명확한 질서가 있는 곳은 그 현상이 뻔하고, 다양함이 가득한 곳은 금방 혼돈에 이르게 되는데 우리의 세상에는 명확한 질서로부터 다양한 현상이 흘러나오고 있습니다. 여기에도 절묘한 균형이 존재하고 있죠.

우주의 이런 놀라운 조화를 만드는 중요한 특징 중 하나는 **공생 관계**입니다. 별과 땅, 공기와 물, 식물과 동물이 각자도생하는 것이 아니라 서로가 서로에게 의지하며 긴밀하게 연결되어 있죠.

갑자기 그 생각이 떠오르네요. 한번은 산에 갔는데 어린 동생이 바닥에서 솔방울이며 나뭇가지랑 이파리들을 주워다가 활이랑, 창, 우산 등 온갖 것을 만들었어요. 그렇게 반나절 신나게 놀고는 산에서 내려올 땐 그걸 숲속에다 휙 던져버렸죠. 그 모습이 기이해 보였어요. 우리가 마트에서 사는 것들은 분리수거를 하거나 쓰레기봉투에 넣어 버리는데, 자연에서 온 것들은 그냥 자연으로 돌려보내도 아무 문제가 없으니까요. 산이 그걸 고스란히 받아서 썩게 하고, 재순환한다는 게 너무 멋진 시스템 같았어요.

정말 그렇군요. 자연은 느린 것 같지만 정말 효율적이고 부작용이 전혀 없죠. 그에 비하면 인간이 만든 시스템은 빠르고 화려해 보이지만, 다른 것들과 조화를 이루지 못하고 있어요. 한 가지 목적을 달성하고 나면, 그로 인해 여러 가지 다른 문제가 파생되죠.

자연 세계. 그리고 다른 인간과 조화를 이루어가는 게 인간의 큰 숙제네요.

우주의 극히 일부에 불과한 인산은 위대한 시성을 가졌고 놀라운 문명을 이루어 놓았습니다. 하지만 자연과 우주의 정교함과 비교할 때는 한참 미치지 못합니다. 인간의 도전이 아름답고 또 충분한 가치가 있지만, 인간 자신의 한계를 무시하고 교만해지면 파멸에 이르게 될 겁니다. 인간에게 있어서 자연은 거주하는 집이자 생명의 원천인데도 우리는 자연을 하나의 도구로 보았고 지금까지 폭력적으로 지배하고 착취해왔습니다. 인간이 만든 핵과 전쟁, 부의 불균형, 기후위기는 인간이 행한 일에 대해 자연이 보내는 심각한 경고인 셈이죠.

과학이 주는 이미지도 그래요. 자연을 소중히 여기고 돌보기보다는 자신의 목적을 위해 개발하고 변형시키는 것에 가깝죠.

가끔 과학계나 정치계에서 과학의 중요성을 강조하면서 사회의 인재들이 과학 쪽으로 진출하지 않는 현상을 걱정하곤 합니다. 물론 그런 염려도 필요하지만 학생들이 과학에 관심을 갖도록 만들기 이전에 먼저 물어봐야 할 질문이 있습니다. 왜 우리는 과학을 중요하게 생각할까요?

국가경쟁력을 과학이 좌우하기 때문이 아닐까요? 과학지식을 바탕으로 새로운 기술을 개발하고 첨단 제품을 만들면 그것이 국가에 부와 힘을 가져다준다고 말하곤 하죠.

네. 많이 듣는 이야기죠. 하지만 과학을 추구하는 목적이 단순히 다른 사람, 다른 기업, 또는 다른 국가와의 경쟁에서 앞서는 것이라면 참 슬픈 일인 것 같습니다. 공부하고 책을 읽는 이유, 운동을 해야 하는 이유, 친구를 사귀고 결혼을 하는 이유가 '나의 경쟁력을 높이기 위해서'라고 한다면 우리의 인생이 얼마나 숨 막히고 무의미해지겠습니까? 과학의 목적도 마찬가지입니다.

오늘날 세계가 하나로 연결되고 순식간에 사람과 돈과 정보가 오가는 시대가 된 것이 바로 과학기술 때문입니다. 이 과학이 만든 사회 안에서 살아남기 위해 과학을 더 열심히 탐구해야 한다면, 이 사회의 주체가 인간이 아니라 과학이 되어버리는 것이죠. 과학을 경쟁력 관점에서 인식하는 일은 과학 교육에도 치명적인 영향을 미칩니다.

그래요. 자연을 들여다보고 그것에 경탄하고 그 질서의 근원을 생각해보는 멋진 경험이 과학인데 정작 공부하면서는 그걸 느낄 겨를이 없어요. 책을 한 페이지 넘길 때마다 경쟁에서 살아남기 위해 내 몸에 무기를 장착하는 느낌이 든다니까요.

노벨상을 받는 것이 꿈이라고 말하는 어린이들을 만나면 반가움보다 염려가 앞섭니다. 노벨상이라는 보상을 목표로 연구하는 사람

진정한 과학은 자연을 수단화하는 것이 아닌, 자연에 대한 경외에서 나온다.

은 노벨상을 받지 못할 가능성이 클뿐더러 그렇게 해서 받은 상은 의미도 없습니다. 훌륭한 과학자는 자신의 위대한 미래를 꿈꾸는 사람이 아니라, 위대한 자연에 푹 빠져 있는 이들 중에서 나오는 법이거든요.

오늘날은 '과학기술'이라고 해서 과학과 기술을 거의 같은 선상에서 생각하지만 과학의 목적은 본디 그런 것이 아니었습니다. 우리가 태어나 살아가는 세상이 어떻게 구성되어 있고 어떤 방식으로 움직이는지 알고자 하는 것은 너무나 자연스러운 일이죠. 자신의 친부모를 찾으려 애쓰는 사람들은 자신의 뿌리, 자신의 근거를 찾고자 하는 열망을 갖고 있습니다. 마찬가지로 과학도 우리의 근원을 이해하려는 갈망에서 출발하는 것이죠.

과학을 추구하는 것은 일종의 본성에 가까운 것이겠군요.

우리는 과학을 통해서 자연이 품고 있는 지혜와 지식을 배우고 그로부터 합리적이고 엄밀한 사고방식, 그리고 조화와 아름다움을 발견해갑니다. 야만과 무지, 어리석음에서 벗어나 더 인간다워질 수 있는 것이죠. 과학이 하나의 생존 도구가 아니라 우리를 온전한 인간으로 빚어 가는 과정이 되기를 바랍니다.

4
대학과 진리

사람들이 대학에 진학하는 이유가 뭘까요? 대학은 뭘 하는 곳일까요?

공부의 마지막 단계? 필수 코스는 아니지만 아무래도 취업에 유리해지기 때문이겠죠. 만일 대학을 졸업하지 않고도 비슷하게 취업을 할 수 있다면 대학을 안 갈 것 같아요.

대학에서 실제적인 지식이나 기술을 배우니까 취업에 유리한 건 사실이죠. 하지만 대학의 원래 목적은 그것이 아니었습니다. 제가 속해 있는 대학의 경우엔 교육 목표가 진리, 창조, 봉사입니다. 대학에 가면 진리를 탐구하게 되고, 새로운 것을 창조하며, 이 사회에 봉사하게 된다는 것이죠. 어느 대학이나 그 목표는 대동소이합니다.

음, 대학 공부를 하면서 그런 생각은 별로 해보지 않았어요. 대부분의 학생들은 공부의 목적이 학점, 취업, 꿈의 실현 정도일 걸요? 그런데 진리라는 게 뭘까요? 대학에서 배우는 교재들에 써 있는 내용이 모두 진리일까요?

사전에서는 진리를 '참된 이치, 또는 참된 도리'라고 말합니다. 세상이 움직이는 근본적인 원리가 무엇인지, 또 모든 사람이 마땅히 따라야 할 바가 무엇인지 탐구하는 것이 진리 추구라면, 대학에서 배우는 대부분의 지식은 진리 그 자체라기보다는 진리의 아주 작은 파편에 가깝다고 할 수 있습니다.

중국의 옛 풍습에 전족이 있습니다. 당시에는 여자의 발이 작아야 미인이라고 여겨 헝겊으로 발을 동여매어 자라지 못하게 했고, 그래서 기형적인 발 모양이 되어버렸죠. 왜 지금은 전족을 하지 않을까요?

그야, 말도 안 되는 일이니까요. 건강하게 자신의 원래 모양을 유지하는 발이 가장 아름다워요. 저건 괴물의 발 같잖아요.

방금 친구가 자신이 믿는 진리를 선언했습니다. 무엇이 아름다운 발인가에 대한 진리 말이죠.

그건 진리라기보다는 상식 아닌가요?

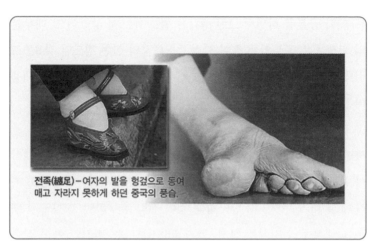

전족(纏足) – 여자의 발을 헝겊으로 동여
매고 자라지 못하게 하던 중국의 풍습.

문화는 그 사회가 믿는 진리를 드러낸다.

그렇지 않아요. TV에서 나이든 중국 할아버지를 인터뷰했습니다. "결혼하실 때 아내의 저 전족을 보시며 어떤 생각이 드셨나요?" 그러자 할아버지가 머리를 긁적이며 하시는 말씀이 이랬습니다. "그땐 예뻐 보이긴 했죠."

만일 우리가 그 시대로 돌아가서 어린 딸의 발에 천을 동여매는 어머니의 손을 붙잡고 외친다고 해보세요. "이게 무슨 짓입니까! 이렇게 구겨진 발이 대체 뭐가 아름답다는 거예요?" "그래, 너희 말도 일리가 있다. 하지만 세상이 그런 걸 어떻게 하겠느냐? 우리 딸이 발 때문에 시집을 못가면 너희가 책임질 거야?"

'세상이 그런 걸 어떻게 하느냐.' 사실 우리도 자주 하는 말이잖아요.

지금 우리도 그 시대와 크게 다르지 않죠. 학생들이 밤 12시가 넘도록 학교와 학원을 전전하고, 성적이 안 나온다고 목숨을 끊고, 음식물 쓰레기와 기아가 공존하는 말이 안 되는 세상에서 살고 있죠. 그러면서도 말하죠. "이게 옳지 않지만, 세상이 그러니 어쩔 수 없다고. 나 혼자 변한다고 뭐가 달라지겠냐"고 말이죠. 지금 우리가 전족을 어리석게 여기듯 100년 후의 후손들이 우리 시대의 한국사회를 두고 그렇게 평가할지도 모릅니다. 경쟁과 소비에 혼을 빼앗긴 시대였다고.

그렇게 생각하니 섬뜩하네요.

그래서 우리에게 진리가 필요한 것입니다. 이 세상의 소란스러운 흐름과 유행 속에서 진정으로 중요한 가치가 무엇인지 찾아내는 것 말입니다. 우리가 비싼 등록금을 내고 젊은 날을 몇 년이나 기꺼이 소비해가면서 대학에 머무는 이유입니다. 우리가 놓쳐버린 가치, 이 사회가 나아가야 할 길을 모색하고, 어리석음의 늪에 빠지지 않도록 깨어 있는 지성으로 성장해야 합니다. 그런 진리에 관심을 갖지 않는다면 대학으로서 존재할 가치가 없겠죠.

그런데 대학에서 배우는 전공 내용은 그런 진리와는 꽤 거리가 있는 것 같아요.

맞습니다. 그게 현재 대학이 갖고 있는 큰 문제점이죠. 학과가 다루는 내용은 너무 세분화되어 있고, 자신의 전문분야에만 관심을 갖습니다. 기능적이고 실용적인 측면에만 너무 치우쳐 있는가 하면 반대로 현실의 문제나 이웃들의 고통과는 동떨어진 채 이론적 논리에만 파묻혀 있기도 합니다. 사회를 비판하고 견인하는 역할을 하는 대신 기업의 논리를 그대로 따라가는 경향도 있죠.

이런 문제를 다 알고 있는데 왜 개선이 안 되는 거죠?

가장 큰 원인 중 하나는 성과주의죠. 대학생들이 시험 범위가 아니면 좀처럼 관심을 갖지 않잖아요? 마찬가지로 대학이나 교수들도 자신들의 성취나 경력에 직접적인 영향을 주지 않는 것에는 관심을 갖기 어렵습니다. 'OO 단백질 합성법'을 개발하면 당장 논문을 써서 학계의 존경과 인정을 받을 수 있지만 '나는, 그리고 우리 사회는 어디로 나아가야 하는가'라는 주제는 매우 현실적이고 중요함에도 불구하고 너무 광범위하고 모호해서 일기장에 쓰면 모를까, 논문을 쓸 수는 없습니다. 모든 교육자들이 관심을 가져야 할 주제가 결국 소외당하는 것이죠.

이해가 좀 됩니다. 학생이든 교수든, 정치가든 자신의 성과나 주위의 요구에 얽매이지 않고 묵묵히 고독하게 자신의 길을 가야겠네요. 그래도 여전히 진리를 공부하고 배운다는 게 잘 상상이 안됩니다. 예를 들어, 도덕 시간에 배우는 내용은 심오하다기보다는 굉장히 고리타분하잖아요.

좋은 지적입니다. 학교에서 배우는 교과서나 교재에 진리가 없다면 어디서, 그리고 어떻게 진리를 발견하고 배울 수 있는지 생각해보죠. 오랜 과거에는 진리라고 하면 영감이나 계시에 의해 위로부터 주어지는 것을 떠올렸습니다. 흔히 왕의 명령이나 신의 계시가 진리의 근원이었고, 통치자를 흔히 신, 또는 신의 아들이라고 부르며 그들에게 절대 복종했습니다. 일반 사람은 그 명령이나 가르침에 대해 왈가왈부할 수 없고, 단지 그것을 따라야만 했습니다. 진리는 몇몇 사람들의 주관적인 견해에서 나오는 것이었죠.

한 사람을 신격화해서 그에게 모든 것을 판단하고 세상을 좌지우지할 권한을 주다니 너무 어리석은 일 아닌가요?

그렇죠? 르네상스를 거치고 이성의 시대가 열리면서 진리는 객관성을 띠기 시작합니다. 특히 과학에서 그 점이 두드러졌는데요, 한 사람이 자연의 법칙이나 질서에 관해 무슨 말을 하더라도 그것이 실험적으로 증명이 되어야만 진리로 받아들여졌기 때문입니다. 말한 사람의 지위나 권위보다 그것이 논리적으로, 경험적으로 합당한가를 따지게 된 것입니다. 특히, **진리를 발견하는 과정에서 개인의 주관적인 경험이나 선입견은 오히려 방해가 된다는 사실이 강조되었습니다.** 주관적인 요소들을 최대한 배제하고, 사실 그대로의 객관적인 관찰과 논리적인 추론을 통해서만 결론을 이끌어내고자 했습니다. 검증될 수 없는 것은 진리로 인정받지 못하게 되었습니다.

그렇죠. 그게 옳은 방향이죠!

미신이 사라지고 세상은 좀 더 합리적이 되었습니다. 하지만 현대에 들어서는 진리의 또 다른 측면이 부상했습니다. 관찰을 통해서 객관적 지식을 얻는다고 믿었는데 양자역학에서 보았듯 관찰이라는 행위 자체가 관찰 대상에 영향을 미치기 때문에 관찰 결과를 그 대상에 대한 순수한 지식이라고 부를 수 없게 된 거죠.

관찰하는 내가 그 대상에 개입해서 얻어낸 지식이라고 했죠.

또한 상대성 이론에서 절대적 공간과 절대적 시간이 부정되면서, 진리 역시 어느 하나의 명제로 고정된 것이 아니며 누가 경험하느냐에 따라 달라질 수 있다고 보게 됩니다.

음, 그 말도 맞기는 하죠.

만약 진리가 100% 객관적이라면, 그것을 수업 시간에 배워버리면 됩니다. 아주 간단하죠. 진리가 쓰여 있는 책을 구해서 읽고 외우고 그것으로 시험을 보면 그만입니다. 반대로 만약 진리가 100% 주관적이라면 학교가 존재할 필요도 없고, 따로 공부할 필요도 없습니다. 누가 옳으냐, 토의할 필요도 없죠. 모든 진리는 각자 알아서 정하면 되니까요. 친구에게는 진리의 객관적인 면과 주관적인 면, 어느 쪽이 더 중요하게 다가옵니까?

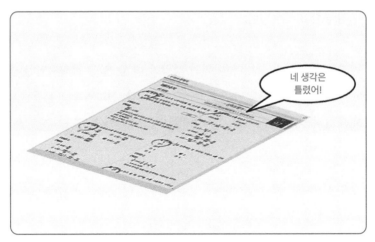

객관적인 평가가 가능하려면 진리가 객관적이어야 한다.

음, 둘 다 맞는 것은 아니겠지만, 저는 주관적인 면이 조금 더 중요하다고 생각해요. 이 사회가 이건 옳다, 저건 틀리다라고 단정지으면 너무 숨 막힐 것 같거든요. 각자의 상황과 자유를 인정해줘야죠.

다른 대학생들에게 질문했을 때도 과반수가 진리의 주관적인 측면을 지지하더군요. 놀라운 일입니다. 지금까지 시험을 치를 때마다 하나의 정답 외에는 모두 틀렸다고 배워왔는데도 주관적 측면을 지지한다니 말입니다. 직사각형의 가로와 세로를 더한다고 해서 면적이 되는 게 아니라고, 면적은 반드시 가로와 세로의 곱으로 결정됨을 수학적 진리로 배웠죠. 물체를 떨어뜨릴 때 어떤 속도를 갖게 될지는 정해져 있고, 심지어 시에서 작가가 말하고자 하는 의도를 묻는 질문도 단 하나의 답으로 귀결되었죠. 진리가 객관적이기 때문에 가능한 일들입니다.

듣고 보니 그렇긴 합니다. 어쩌면 정답과 내 할 일이 정해져버린 세상에 대한 거부감 때문인지도 모르겠습니다. 진리가 좀 더 주관적이 되어서 각자의 다양함이 존중받으면 좋겠거든요.

5

진리와 만나다

상대성 이론이 옳다면 진리도 상대적인 것이라고 해야 할까요?

그 전에 '상대주의'에 대해 먼저 말해보죠. 상대주의란 사람이 경험
하고 성장한 문화 배경에 의해 가치판단의 기준이 달라질 수 있기
때문에 '절대적인 진리나 절대적 가치라는 것이 존재하지 않는다'
라는 입장이 상대주의입니다. 예를 들어서 우리는 자식을 키우고
돌볼 책임이 부모에게 있다고 여깁니다. 그것이 인간의 올바른 도리
이자 진리라고 받아들이지요. 하지만 상대주의에 따르면 우리와 전
혀 다른 배경을 가진 사회에서는 그것이 옳지 않을 수도 있기 때문
에 '부모가 자녀를 돌보는 것이 인간의 보편적 도리라고 말하는 것
은 옳지 않다'고 주장합니다. 절대적인 진리라는 것은 존재하지 않
는 것이죠.

그럼 상대성 이론도 상대주의를 지지할까요?

아인슈타인이 상대론을 만들 때 주목한 두 가지 원리가 있습니다. '누구에게든 물리법칙은 동등하다' '누가 보더라도 빛의 속력은 항상 같다' 세상에는 정말 이 두 가지 원리가 성립하고 있었고, 그것 때문에 시간과 공간이 상대적으로 인식되었습니다.

우주의 모든 사물이 '물리법칙의 보편성'과 '빛의 속력의 불변성'이라는 절대 진리를 따르기 때문에 상대방의 세계와 나의 시공간이 서로 다르게 인식될 수 있다는 것입니다.

좀 헷갈리네요. 얼른 생각할 때는 절대적 진리가 존재하면 나의 세계와 상대방의 세계가 모두 똑같아질 것 같은데요. 예를 들어 절대적 윤리가 존재한다면 나의 개인적인 윤리가 곧 이 사회의 윤리와 같고, 전 세계의 나라들이 똑같은 윤리 체계를 가져야 하지 않을까요?

그렇지 않다는 것이 상대론이 보여주는 특징이죠. 두 세계를 강제로 똑같게 만들어버릴 때 오히려 진리는 보편성을 잃어버리고, 어느 한쪽만의 진리가 되고 만다는 것이죠. 말하자면, 절대적 진리는 존재하지만 적용되는 방식은 상대적이라는 것입니다. 그래서 나의 관습과 기준만으로 상대방이 진리를 따르는지 여부를 쉽게 판단할 수 없습니다.

절대적 진리가 각 사람에게 적용될 때는 다른 모습으로 나타날 수 있다.

그렇다면 진리가 객관적이지도, 주관적이지도 않은 거네요. 객관적인 탐구를 통해서도, 또 주관적인 느낌만으로도 진리를 알아낼 수 없다면 우리는 진리를 어떻게 찾아가야 하나요?

'진리는 인격'이라고 주장한 사람들이 있습니다. 과학자 마이클 폴라니, 그리고 교육자 파커 파머가 대표적인데, 이들은 **진리를 알아가는 것이 어떤 한 사람을 알아가는 것과 매우 유사하다**고 말합니다.

제가 알고 싶어하는 어떤 사람이 있습니다. 어느 날 불쑥 찾아가 이렇게 말을 걸 겁니다. "당신에 대해서 조사해볼 마음이 생겼습니다. 생일은 언제입니까? 어디서 태어났습니까? 부모는 어떤 사람이죠? 취미는 뭡니까? 장래희망은요?" 대답을 다 받아적고 나서는 "아, 이

제 당신이 어떤 사람인지 파악했습니다"라고 말하고 떠난다면 그는 어떤 기분일까요?

기분 나쁘겠죠. 그런 객관적인 자료가 자신을 대변할 수는 없으니까요.

이번엔 다른 친구들이 그 사람 뒤에서 쑥덕거립니다. "내가 딱 보면 알아. 저런 애는 잘난 척하기 좋아하고, 아주 건방진 스타일이야. 옷도 고급이 아니면 절대 입기 싫어하는 유형이지."

그럼 한마디 해줘야죠. 당신들은 대체 무슨 근거로 그런 판단을 하느냐고. 그런 사람이라는 증거를 대보라고요.

한 인격을 알아간다는 것이 그렇습니다. 객관적인 조사만으로는 부족하고, 객관적 근거가 전혀 없는 주관적인 판단도 옳지 않습니다. 한 사람을 잘 알고 싶다면 어떻게 해야겠습니까?

그 사람과 진심이 담긴 대화를 해봐야겠죠.

그렇습니다. 정보를 캐는 것은 한쪽의 일방적인 행위지만, **인격적인 앎은 상호관계를 필요로 합니다.** 일단 나의 시간을 내야 합니다. 그와 대화하기 위해 내 점심시간을 그 친구의 일정에 맞춰 조정하거나, 내가 별로 내키지 않는 음식을 먹어야 할 수도 있습니다. 마음을 다해 상대의 이야기를 듣고 또 나는 어떻게 생각하고 느끼는지 이야기해줘야 합니다.

마찬가지로 인격인 진리를 알기 위해서는 진리와 사귀는 방법 외엔 다른 방법이 없습니다. 진리가 하는 이야기에 귀를 기울이고, 그 이야기가 낯설거나 조금 불편한 마음이 들더라도 일단 경청해야 합니다. 또 그 말에 동의한다면 우리의 태도와 삶의 방식을 바꿔야 할 수도 있습니다.

지적으로 판단하는 것에 그치지 않고, 인격적으로 반응하라는 것이군요.

네. 동물학자 제인 구달의 침팬지 연구가 그 일례를 보여줍니다. 과거에 침팬지 연구를 할 때는 TV 프로그램 〈동물의 왕국〉처럼 카메라를 여기저기 숨겨놓고 침팬지가 전혀 눈치채지 못하게 관찰하곤 했습니다. 그래야 침팬지의 진짜 생태를 파악할 수 있다고 생각한 것이죠.

그게 과학에서 말하는 객관적 관찰이겠죠.

제인 구달의 생각은 달랐습니다. 대학 학위조차 없었던 그녀였지만, 그런 방식의 연구만으로는 침팬지의 생활을 제대로 이해할 수 없으리라 확신하고는 침팬지 무리 안에 들어가서 살아버렸습니다. 침팬지에게 이름을 붙여주고, 이름을 하나하나 부르며 그들의 희로

애락에 함께했습니다.

당시 과학자들은 모두 그녀를 비판했습니다. 제대로 된 과학 연구를 하려면 최대한 객관적이어야 하고, 침팬지들끼리 싸우든 죽든 상관 말고 가만히 보고만 있어야 하는데 그들 사회에 들어가서 감정이입을 해가면서 제대로 된 연구를 할 수 있겠냐고 따졌습니다. 그러나 제인 구달은 직접 그들의 입장이 되어보지 않고서는 침팬지의 행동을 이해하는 것이 불가능하다고 믿었습니다. 결국 그녀는 어느 누구도 해내지 못한 가치 있는 연구들을 해냈습니다. 그녀에게 침팬지는 단지 연구나 실험의 대상이 아니라 이해하고 사랑하고 싶은 상대였던 것이죠. 그 결과 진리에 한층 더 다가설 수 있었습니다.

여기도 양자역학이네요! 순수하게 객관적인 관찰이란 존재할 수 없고, 그 대상을 알아가는 과정은 필연적으로 대상과 영향을 주고받음으로써만 가능하다는 거요.

그런 셈이네요.

침팬지 같은 동물 연구는 어느 정도 이해가 됩니다. 그런데 수학에서 그래프를 그리거나 중력의 법칙을 공부하고 사회 과목에서 정부의 역할을 배울 때도 인격적인 접근이란 게 가능할까요?

물론입니다. 첫째, 배움의 목적이 중요합니다. 누군가 나에게 다가와 이야기를 거는 데, 목적이 돈을 빌리거나, 물건을 팔거나, 내 가족관계를 파악하는 것이라면 거부하고 싶겠죠. 인격적인 관계의 기초는 상대를 다른 무엇을 위한 수단으로 삼지 않는 것입니다. 마찬가지로 공부를 하는 목적이 성적을 올리거나 그 지식으로 자신을 과시하는 것이라면 인격적인 배움이 아닙니다. **진리를 존중하고, 그것을 배우는 것 자체를 목적으로 삼아야 합니다.** 두 번째는 진리를 내면화하는 것입니다. 배우는 바를 곰곰이 생각해보며 그 이야기가 정말 옳은지, 내 마음 깊은 곳에서 동의가 되는지, 그것이 의미하는 바가 무엇인지 되새겨보는 것입니다.

수학에서 두 그래프의 교점을 왜 찾아야 하는지, 구하는 방법이 합리적인지, 다른 방법은 없는지 생각해보는 거네요. 친구의 입장에서 이야기를 듣고 공감하는 것처럼.

그렇죠. 사회 교과에서 '정부의 역할'을 배운다고 해봅시다. 책에 제시된 내용을 읽기 전에 '우리 사회의 평화와 행복을 위해 정부가 어떤 역할을 하는게 좋을까'를 스스로 생각해봅니다. 그리고 현재 우리 정부가 하는 일이 무엇인지 관심을 가지고 들여다보고, 바람직한 사회의 모습을 고민해보는 것이죠.

쉽지는 않겠지만 그런 식으로 공부하다 보면 학생 중에 훌륭한 수학자도, 좋은 정치가도 나올 수도 있겠어요.

진리와 지식을 인격적으로 대하기 시작하면 많은 것들이 달라집니다. 과거 무지의 상태에 있을 때는 아무런 고민도 책임도 없던 학생이 정부에 대해 배우고 나면 새로운 관심, 새로운 열망, 시민으로서의 새로운 책임감이 생겨납니다. 더 따뜻하고 정의로운 사회를 만드는 데 자신이 기여하고 싶다는 열망 말이죠. 진리는 어둠 속에 잠들어 있던 우리를 깨우고 심장을 뛰게 만듭니다. 세상의 아름다움에 눈뜨게 하고, 불의에 대해 분노하며, 고통받는 이웃과 연대하도록 만듭니다. 글을 쓰고 노래하게 만들며, 새로운 운동을 일으키거나 정직하고 책임 있는 기업인이 되게 만들어줄 것입니다.

자신의 경제적 안정과 미래의 안위를 위해 공부하는 것과 진리의 호소를 듣고 움직이는 것은 큰 차이가 있겠군요. 저도 그렇게 공부해보고 싶습니다.

진리의 또 다른 특징은 **소유가 불가능하다**는 점입니다. 어떤 전문가나 학자가 해당 분야의 지식은 갖고 있을 수 있지만, 그럼에도 여전히 진리를 소유했다고 할 수는 없습니다. 우리가 어떤 인격체를 소유할 수 없는 것처럼 진리도 마찬가지입니다. 따라서 어떤 권위자도 "내가 진리를 알고 있으니, 내 말을 들어"라고 할 수 없습니다.

그렇다면 한 분야의 전문가는 어떤 역할을 해야 할까요?

그는 진리를 소유한 사람이 아니라, 진리와 대화하는데 비교적 능

익숙한 것들의 마법, 물리2

숙한 사람입니다. 자신의 지식과 삶을 끊임없이 진리 앞에 비추어 보고 성찰하며, 거기서 발견한 것을 대중에게 알려주는 일을 하죠. 하지만 자신이 진리를 오해하고 있을 가능성이 늘 존재하기에, **그의 지식과 결론은 늘 잠정적입니다.** 따라서 전문가는 자신의 한계를 인정하고, 언제든 자신의 지식을 수정할 준비가 되어 있어야 합니다.

교사도 그래야 하나요? 학생들을 가르치면서 늘 틀릴 수도 있다고 말해야 할까요?

그렇습니다. 교사는 '자신의 지식'을 나눠주는 사람이 아니라, 학생들이 진리를 직접 대면하고 교류할 수 있도록 다리를 놓아주는 사람입니다. 진리와 대화하는 법을 가르치고, 학생들에게 **'진리가 너희 속에서는 무엇이라고 말하느냐?'**라고 물어야 하죠. '*내 생각은 이래*'라고 하는 교사의 말은 바꿔 말하면 '*내 안의 진리는 이렇게 말하는 것 같아*'라는 뜻입니다.

저도 제 안에 울리는 진리의 음성을 들은 걸까요? 절대적 진리가 각자에게 다르게 적용될 수 있다는 말이 이제 이해가 됩니다. 예전엔 전문가들이 모여서 그 내용과 방향을 정한 것이 진리인 줄 알았는데, 선생님 말씀에 따르면 오히려 진리가 사람들을 이끈다고 보아야 하겠네요.

그렇습니다. 진리는 '양심'과 비슷한 면이 많습니다. 우리 각자가 자신만의 개인적인 양심을 갖고 있지만, 모든 사람의 양심은 보편적 가치를 지향한다는 점에서요. 그래서 양심적으로 행동한다는 게 무엇인지 가르치지 않아도 모두가 암묵적으로 알고 있습니다. 인간이 양심의 내용을 정하는 것이 아니라, 양심이 인간을 인간답게 만들어가죠.

그러고 보니 모든 인간의 마음 안에 양심이라는 공통적인 방향성이 들어 있다는 게 놀랍네요.

네. 진리도 양심도 상대성 이론처럼 '보편적 가치'를 지향하면서 동시에 '개인적으로 적용'됩니다. 우리 각자가 다양한 방면에서 다양한 방식으로 진리를 추구하지만 모든 진리는 하나의 인격체로 통일되어 있습니다. 따라서 시인과 피아노 연주자, 별을 보는 천문학자나 집을 짓는 목수도 한 진리의 다양한 측면을 대하고 있는 것입니다. 모든 지식과 진리는 서로 연결되어 있기 때문에, 각자가 서로 다른 곳에서 출발하지만 결국에는 온전한 하나의 진리에 이르게 될 것입니다. 우리의 배움이 그렇게 되기를 바랍니다.

촛불의 일렁임이 황홀해 보였던 것도 그 안에 진리가 있기 때문이었나 봅니다. 촛불로 시작된 이야기가 진리로 마치네요.

지금까지의 대화 덕분에 저도 많은 생각을 새롭게 해보게 되었습니다. 고마워요. 마지막으로 촛불로 진리를 추구했던 한 과학자를 소개하고 마칠게요.

못 배운 과학자 마이클 패러데이

익숙한 것들의 마법, 물리 2

지은이 황인각

1판 1쇄 펴냄 2024년 2월 29일

펴낸곳 곰출판
출판신고 2014년 10월 13일 제2024-000011호
전자우편 book@gombooks.com
전화 070-8285-5829
팩스 02-6305-5829

ISBN 979-11-89327-28-6 03420

ⓒ 황인각 2024